青少年安全丛书
QINGSHAONIAN ANQUAN CONGSHU

青少年不可不知的 自然灾害自救方法

QINGSHAONIAN BUKEBUZHI DE ZIRAN ZAIHAI ZIJIU FANGFA

主　编：李　兵

副主编：谭　健

编　者：张　峰　熊俊伟　母晓松

　　　　李　原　杨　湘　欧阳五洲

　　　　莫海兰　彭素芬　杨智玲

　　　　陈　瑶　吴应玲　李　洁

U0240754

西南师范大学 出版社
国家一级出版社　全国百佳图书出版单位

图书在版编目(CIP)数据

青少年不可不知的自然灾害自救方法/ 李兵主编
. —重庆:西南师范大学出版社,2013.2(2019.11 重印)
ISBN 978-7-5621-6146-2

Ⅰ.①青… Ⅱ.①李… Ⅲ.①自然灾害－自救互救－
青年读物②自然灾害－自救互救－少年读物 Ⅳ.
①X43-49

中国版本图书馆 CIP 数据核字(2013)第 009941 号

青少年不可不知的

自然灾害自救方法

主 编 李 兵

策　　划:	刘春卉　杨景罡
责任编辑:	胡秀英　曾　文
特邀编辑:	杨炜蓉
插图设计:	曹岳辰
装帧设计:	曾易成
出版发行:	西南师范大学出版社
	地址:重庆市北碚区天生路 2 号
	邮编:400715　市场营销部电话:023-68868624
	http://www.xscbs.com
经　　销:	新华书店
印　　刷:	重庆荟文印务有限公司
开　　本:	889mm×1194mm　1/32
印　　张:	8.625
字　　数:	248 千字
版　　次:	2015 年 7 月第 1 版
印　　次:	2019 年 11 月第 10 次印刷
书　　号:	ISBN 978-7-5621-6146-2

定　　价: 17.50 元

衷心感谢被收入本书的图文资料的原作者。由于条件限制,暂时无法和部分作者取得联系,恳请这些作者与我们联系,以便付酬并奉送样书。

序　言

　　青少年朋友们,感谢你们翻开这套丛书,我也很高兴能够将其介绍给大家。

　　青少年能够身体健康、心情愉悦、才干增长是我们的共同期待,然而,我们成长在这样一个时代:一方面,食物种类琳琅满目、电子产品更新超快、立体交通四通八达、互联网络海量信息;另一方面,食品安全事件层出不穷、电子辐射无处不在、交通事故频繁出现、网络信息参差不齐。不仅如此,传染病和自然灾害也时有发生。作为青少年,在汲取当今社会物质和精神营养的同时,往往也是最容易受伤的人。

　　我不禁想到了一名新西兰 10 岁女孩蒂莉·史密斯的故事。2004 年 12 月 26 日早晨,正在泰国普吉岛度假的小女孩全家到海滩散步,史密斯看到"海水开始冒泡,并发出像煎锅一样的咝咝声"。凭借此前所学的地理科普知识,她迅速做出这是海啸即将到来的判断。于是,她大声向人们呼喊"海啸要来了",不但救了她自己和父母,而且挽救了普吉岛麦考海滩附近 100 多人的生命。

　　因此,我们应该向这个新西兰小女孩学习,"安全第一,预防为主"这句话绝对不只是口号而已。面对当今社会一些复杂问题和突发安全事件,我们准备好了吗?

去年这个时候，作为一名医科院校公共卫生教师，我很荣幸地接受了西南师范大学出版社职业教育分社的邀请，成为该丛书的主编，并组建了由高校、医院和食品药品监督管理局的一线专家组成的编写团队，确保丛书内容的科学性。另外，为了增加丛书的趣味性、可读性、科普性，特邀了医科大学部分研究生和本科生参加编写。

丛书内容主要涉及食品安全鉴别方法、应急救护避险方法、网络安全、交通安全、防辐射知识、自然灾害自救方法、传染病防治方法、公众安全应急措施等八个方面，即分别是《青少年不可不知的交通安全》《青少年不可不知的网络安全》《青少年不可不知的防辐射知识》《青少年不可不知的自然灾害自救方法》《青少年不可不知的应急救护避险方法》《青少年不可不知的食品安全鉴别方法》《青少年不可不知的传染病防治方法》《青少年不可不知的公众安全应急措施》八本。

丛书以与青少年密切相关的有关安全事故的案例来组织编排，以提问的方式指出安全事故模块中错误或不当的做法，并提出如何正确操作的互动讨论，同时通过"加油站"和"专家引路"来进行科学性知识的解读，用"我来体验"操作练习来提高青少年安全应对意识和技能。

本丛书的主体对象是青少年，当然，也希望教师以及学生家长能够飨读。

然而，由于各方面的原因，本丛书仍有很多不足之处，希望广大读者给予宝贵意见和建议，以进一步完善该套丛书。

赵 勇

2012 年 12 月 8 日　于美国辛辛那提大学

前 言

　　自然灾害是人类依赖的自然界中所发生的异常现象，自然灾害对人类社会所造成的危害往往是触目惊心的。它们之中既有地震、火山爆发、泥石流、海啸、台风、洪水等突发性灾害，也有地面沉降、土地沙漠化、干旱、海岸线变化等在较长时间中才能逐渐显现的渐变性灾害，还有臭氧层变化、水体污染、水土流失、酸雨等人类活动导致的环境灾害。这些自然灾害和环境破坏之间又有着复杂的相互联系。人类要从科学的意义上认识这些灾害的发生、发展以及尽可能减小它们所造成的危害，这已是国际社会的一个共同关注的主题。

　　世界范围内重大的突发性自然灾害包括：洪涝、台风、风暴潮、冻害、雹灾、海啸、地震、火山、滑坡、泥石流等。我国是世界上自然灾害种类最多的国家，其中对我国影响最大的自然灾害有以下几类：1.气象灾害，如暴雨、暴风雪、龙卷风、雷电等；2.海洋灾害，如海啸、赤潮等；3.洪水灾害，如山洪、洪水等；4.地震灾害。

　　以上自然灾害一旦发生，后果一般都很严重。那么，青少年朋友们，遇到自然灾害应该如何面对呢？几乎所有的自然灾害的发生都会有一定的征兆，越早发现越好做好逃生准备。只有保持冷静的头脑，迅速地分析当时的情况，才能够正确认识目前所面对的困难，并尽快逃生。

那么，让我们一起，在本书的引导下，获得自然灾害的知识，掌握逃生自救的技能，在灾难突袭的紧要关头，拯救自己及他人，为五彩斑斓的明天而奋斗吧。

衷心祝愿所有青少年朋友健康平安、永远幸福！

目 录
CONTENTS

1

第五篇　在山体崩塌中躲避灾害

——面对滑坡的紧急避险自救

第六篇　感化白色精灵的癫狂

——面对冰雪风暴的紧急避险自救

第七篇　在狂风肆虐中挺立身躯

——面对风灾的紧急避险自救

第八篇　在滔天巨浪中逃生

——面对海啸的紧急避险自救

第一篇
在地动山摇中屹立
——面对地震的紧急避险自救

地震是最具破坏力的自然灾害，它来时地动山摇，河流改道；走的时候留下满目苍夷以及无数在废墟中失去亲人的人们声嘶力竭的哭声。它以其突发性强、破坏强度大、预知性低而成为"三大自然灾害"之首。根据联合国统计，20世纪全世界因地震而死亡的人数占自然灾害死亡总人数的58%。我们国家在两大地震带之间，自古是多灾多难的国家，对于唐山大地震、汶川大地震的惨烈，许多人还记忆犹新。今天，让我们一起来学习与地震相关的知识和应急避险能力，以便在灾难到来时能从容应对，减少损失。

一、地动山摇——地震来啦

走进现场

地震来啦

2008 年 5 月 12 日下午 2 点多,小强背着书包刚来到学校门口,突然听到一声巨大沉闷的响声,然后就看到大树开始剧烈摇晃,教室墙上的玻璃开始抖动并发出"咯吱"的响声,旁边的一栋旧房子的屋顶居然也开始摇晃起来,同学们纷纷从教室跑出来。不一会儿,那个旧房子"轰"的一声倒塌了,升起好大一阵灰尘,发生地震了!

互动讨论

(1)什么是地震?

(2)地震有什么征兆与表现?

(3)地震时该怎么办?

知识加油站

地震是地球内部介质局部发生急剧破裂产生的震波,在一定范围内引起地面振动的现象,在古代又称为地动。它就像海啸、龙卷风、冰冻灾害一样,是地球上经常发生的一种自然灾害。青少年朋友们是祖国未来的支柱,了解与地震有关的知识是非常重要的。今天,让我们一起来学习地震相关的科普知识,提升应急避险能力。

 **专家引路**

地球可分为三层:中心层、中间层和外层。中心层是地核,主要由铁元素组成;中间层是地幔;外层是地壳。地震是指地壳在内、外压力作用下,集聚的构造应力突然释放,产生震动弹性波,从震源向四周传播引起的地面颤动。

1.关于地震的几个基本概念

(1)震源:地球内部直接发生破裂的地方。

(2)震中:地面上正对着震源的地方。

(3)震源深度:震源到震中的距离。

(4)震中距:震中到地面上任一观测点的距离。

(5)极震区:震后破坏程度最严重的地区。

2.衡量地震大小的标准

我们常常会在电视、网上等地方听到某某地方发生几点几级地震,烈度多大,损失多少等等。我们不禁会产生疑问:评价一次地震规模的大小有什么标准呢? 就像评价长度有厘米、米,评价重量有千克、克等单位,地震也有其评价标准。目前国际通用的衡量地震规模的标准主要有两种:震级和烈度。

(1)震级是指地震的大小,是以地震仪测定的每次地震活动释放的能量多少来确定的。

我国目前使用的震级标准,是国际上通用的里氏分级,共分9个等级,在实际测量中,震级则是根据地震仪对地震波所作的记录计算出来的。地震愈大,震级的数字也愈大,震级每差一级,通过地震释放的能量约差30倍。

(2)烈度是指地震在地面造成的实际影响,表示地面运动的强度,也就是破坏程度。

一次地震只有一个震级,而在不同的地方会表现出不同的强度,也就是破坏程度。影响烈度的因素有震级、距震源的远近、地面状况和地层构造等。烈度一般分为12°,它是根据人们的感觉和地震时地表产生的变动,还有对建筑物的影响来确定的。

一般情况下仅就烈度和震源、震级间的关系来说,震级越大震源越浅、烈度也越大。

(3)地震震级。震级是表征地震强弱的量度,通常用字母 M 表示,它与地震释放的能量有关。一个6级地震释放的能量相当于美国投掷在日本广岛的原子弹所具有的能量。震级每相差1.0级,能量大约相差30倍;每相差2.0级,能量相差约900倍。也就是说,一个6级地震相当于30个5级地震,而1个7级地震则相当于900个5级地震。目前世界上最大的地震的震级为里氏9.5级。

按震级大小可把地震划分为以下几类:

弱震:震级小于3级。如果震源不是很浅,这种地震人们一般不易觉察。

有感地震:震级等于或大于3级、小于或等于4.5级。这种地震人们能够感觉到,但一般不会造成破坏。

中强震:震级大于4.5级、小于6级。属于可造成破坏的地震,但破坏轻重还与震源深度、震中距等多种因素有关。

强震:震级等于或大于6级。其中震级大于等于8级的又称为巨大地震。

(4)地震烈度。同样大小的地震,造成的破坏不一定相同;同一次地震,在不同的地方造成的破坏也不一样。为了衡量地震的破坏程度,科学家又"制作"了另一把"尺子"——地震烈度。地震烈度与震级、震源深度、震中距以及震区的土质条件等有关。

一般来讲，一次地震发生后，震中区的破坏最重，烈度最高。这个烈度称为震中烈度。从震中向四周扩展，地震烈度逐渐减小。

所以，一次地震只有一个震级，但它所造成的破坏，在不同的地区是不同的。也就是说，一次地震，可以划分出好几个烈度不同的地区。这与一颗炸弹爆炸后，近处与远处破坏程度不同的道理一样。炸弹的炸药量，好比是震级，炸弹对不同地点的破坏程度，好比是烈度。

我国把烈度划分为十二度，不同烈度的地震，其影响和破坏大体如下。

①小于三度：人无感觉，只有仪器才能记录到。

②三度在夜深人静时人有感觉。

③四度、五度：睡觉的人会惊醒，吊灯摇晃。

④六度：器皿倾倒，房屋轻微损坏。

⑤七度、八度：房屋受到破坏，地面出现裂缝。

⑥九度、十度：房屋倒塌，地面破坏严重。

⑦十一度、十二度：毁灭性的破坏。

例如，1976 年唐山地震，震级为 7.8 级，震中烈度为十一度；受唐山地震的影响，天津市地震烈度为八度，北京市烈度为六度，再远到石家庄、太原等就只有四五度了。

3.地震的产生和类型

引起地球表层振动的原因很多，根据地震的成因，可以把地震分为以下几种。

（1）构造地震。由于地下深处岩层错动、破裂所造成的地震称为构造地震。这类地震发生的次数最多，破坏力也最大，约占全世界地震的 90% 以上。

（2）火山地震。由于火山作用，如岩浆活动、气体爆炸等引起的地震称为火山地震。只有在火山活动区才可能发生火山地震，这类地震只占全世界地震的 7% 左右。

（3）塌陷地震。由于地下岩洞或矿井顶部塌陷而引起的地震称为塌陷地震。这类地震的规模比较小,次数也很少,即使有,也往往发生在溶洞密布的石灰岩地区或大规模地下开采的矿区。

(4)诱发地震。由于水库蓄水、油田注水等活动而引发的地震称为诱发地震。这类地震仅仅在某些特定的水库库区或油田地区发生。

(5)人工地震。地下核爆炸、炸药爆破等人为引起的地面振动称为人工地震。如工业爆破、地下核爆炸造成的振动;在深井中进行高压注水以及大水库蓄水后增加了地壳的压力,有时也会诱发地震。

1960 年 5 月 22 日发生在智利的里氏 9.5 级地震是世界上有仪器记录的最大地震。我国地震工作者成功地预报了 1975 年 2 月 4 日发生在辽宁海城的 7.3 级地震,被世界科技界称为"地震科学史上的奇迹"。

4.地震带

(1)三大地震带

地震的地理分布受一定的地质条件控制,具有一定的规律。地震大多分布在地壳不稳定的部位,特别是板块之间的消亡边界,形成地震活动活跃的地震带。全世界主要有三个地震带。

一是环太平洋地震带,包括南、北美洲太平洋沿岸,阿留申群岛、堪察加半岛、千岛群岛、日本列岛,经中国台湾再到菲律宾转向东南亚直至新西兰。这条地震带在太平洋板块和美洲板块、亚欧板块、印度洋板块的消亡边界,南极洲板块和美洲板块的消亡边界上,是全球分布最广、地震最多的地震带,地球上约有 80% 的地震发生在这里。

二是欧亚地震带,大致从印度尼西亚西部、缅甸经中国横断山脉、喜马拉雅山脉,越过帕米尔高原,经中亚细亚到达地中海及其沿岸。这条地震带在亚欧板块和非洲板块、印度洋板块的消亡边界上。发生在这里的地震占全球地震的 15% 左右。

三是海岭地震带,延绵世界三大洋(即太平洋、大西洋和印度洋)和北极海的海岭地区(即海底的山脉)。海岭地震带仅含全球约 5% 的地震,此地震带的地震几乎都是浅层地震。

7

（2）中国的震区

地震时刻都在发生，全球每年平均要发生 1500 万次地震，每 2 秒就有 1 次地震发生。这些地震绝大多数都很小，只能用灵敏的仪器才能监测到。能够形成灾害的地震，全球每年有 1000 次左右，其中能造成重大灾害的大地震，平均每年有十几次。

而我国位于世界两大地震带——环太平洋地震带与欧亚地震带之间，受太平洋板块、印度板块和菲律宾海板块的挤压，地震断裂带十分发达。中国地震主要分布在五个区域：台湾地区、西南地区、西北地区、华北地区、东南沿海地区和 23 条大小地震带上。中国地震活动频度高、强度大、震源浅、分布广，是一个震灾严重的国家。1900 多年以来，中国死于地震的人数达数十万之多，约占全球地震死亡人数的 53%；1949 年以来，100 多次破坏性地震袭击了 22 个省（自治区、直辖市），死亡人数约占全国各类灾害的 54%，地震成灾面积达 30 多万平方千米，房屋倒塌达 700 万间。从这一组数据中可以看出，我们国家是地震灾害的重灾区。

8

 你来思考

朋友们，刚才介绍了地震相关的基本知识，你能说出震级与烈度的区别吗？能讲一讲引起地震的原因都有哪些吗？你能描述一下地震可能产生的危害吗？

 小贴士

地震史上地震级别排名

1.震级最高

智利大地震（1960 年 5 月 21 日）：里氏 9.5 级。发生在智利中部海域，并引发海啸及火山爆发。此次地震共导致 5000 人死亡，200 万人无家可归。此次地震为历史上震级最高的一次地震。

2.并列第二

印度尼西亚大地震(2004年12月26日):里氏9.0级,发生在位于印度尼西亚苏门答腊岛上的亚齐省。地震引发的海啸席卷斯里兰卡、泰国、印度尼西亚及印度等国,导致约30万人失踪或死亡。

日本大地震(2011年3月11日):里氏9.0级(11日定为里氏8.8级,13日改为里氏9.0级),发生日本宫城县以东的太平洋海域,中国上海、北京均有震感,并引发海啸。

3.并列第三

美国阿拉斯加大地震(1964年3月28日):里氏8.8级。该次地震引发海啸,导致125人死亡,财产损失达3.11亿美元。阿拉斯加州大部分地区、加拿大育空地区及哥伦比亚等地都有强烈震感。

厄瓜多尔大地震(1906年1月31日):里氏8.8级,发生在厄瓜多尔及哥伦比亚沿岸。地震引发强烈海啸,导致1000多人死亡。中美洲沿岸、圣—费朗西斯科及日本等地都有震感。

智利大地震(2010年2月27日):里氏8.8级。

二、残垣断壁——地震的危害

地震灾害是群灾之首,因为其突发性和预测性低,频度较高,及带来严重次生灾害,给社会产生了很大影响,人们往往谈"地震"色变。那么地震到底带来了哪些危害呢?

5·12汶川大地震

2008年5月12日,我国四川汶川发生8.0级巨大地震,以下是部分现场情形。

10

左上图:都江堰市聚源中学,一名被掩埋在废墟里的女生被抢救出来。该中学一栋六层高的教学楼除了两边楼梯间以外,全部垮塌,由于地震时学生正在上课,四层楼的 24 个班级的学生大多被埋在废墟下面。

右上图:在四川省北川县北川中学,一名被压在瓦砾堆中的学生正在接受救治。

左下图:地震中垮塌严重的房屋。

右下图:地震后,航拍受损严重的汶川县城。

 互动讨论

可见,地震可以对人、物造成巨大的灾难,那么地震到底会产生哪些危害呢?

 专家引路

1. 地震直接灾害

地震的直接灾害是指地震断层错动,以及地震波引起地面振动所造成的灾害。主要有房屋倒塌和人员伤亡;桥梁、铁路、公路、码头、机场、生命线工程、水利水电工程等工程设施遭破坏;喷水冒沙、地裂缝等破坏了建筑物、农田和农作物;海啸等等。地震直接灾害是地震灾害的主要组成部分。大震,特别是发生在城市和人口、工程设施高度密集地区的地震,可造成数以万计的人口伤亡,大量建筑工程设施严重破坏,有时甚至毁灭城镇,成为损失特别严重的巨灾。

2. 地震次生灾害

地震的次生灾害是指由于地震的直接灾害发生后,引起的一系列破坏自然或社会原有的平衡或稳定状态的灾害。主要分为两类:一是物理性次生灾害:包括火灾、水灾、有毒毒气泄漏、瘟疫、放射物扩散等。其中火灾是次生灾害中最常见、最严重的。二是心理性灾害。

（1）物理性次生灾害

大部分次生灾害都属于这一类,如火灾、水灾、滑坡、海啸等灾害,次生灾害往往带来比直接灾害更大的惨剧及损失。

火灾:火灾是地震中最常见的次生灾害,强烈的震动会造成炉具倒塌、漏电、漏气以及其他易燃易爆物品产生化学反应而引发火灾。例如:1739年银川8级地震引起的火灾,大火烧了5天5夜,大火后银川成为一片废墟。另外,化学制剂的化学反应也会引起火灾。化验室、实验室、化学仓库里的化学品剂在强烈地震时,各种品剂产生碰撞或掉在地上,容器或包装破坏,化学品剂脱出或流出。有的在空气中可自燃,有些性质不同的品剂混融产生化学反应可引起燃烧或爆炸。如1964年日本新潟地震时,由于油库设备部件间的摩擦引起油库起火,导致了整个城市的大火灾。

11

海啸:地震常常伴随着恐怖的海啸,那么什么样的地震才会引起海啸呢?一般震源在海底 50 千米以内、里氏震级 6.5 级以上的海底地震、火山爆发会引起海啸。日本 2011 年 3 月 11 日地震,引发了大海啸。日本官方网站公布资料显示,3 月 11 日发生的日本大地震及其引发的海啸已确认造成 15645 人死亡、4984 人失踪。

水灾:水灾是因为地震的震动使水库大坝遭到破坏而造成。地震水灾的危害是极其严重而惨烈的,虽然世界上发生的地震水灾次数较少,但单次灾害的伤亡损失十分严重,有的甚至要大于地震的直接灾害,因而引起人们的重视。我国历史上最大的地震水灾是 1933 年四川叠溪 7.5 级地震造成的水灾。地震时山体崩塌堵塞岷江,形成四个堰塞湖,大震后 45 天,湖水堵体溃决,造成下游水灾。洪水纵横泛滥,长达千余里,淹没人员 2 万多,冲毁良田 5 万亩。

毒气污染:毒气污染多发生于生产车间被破坏、储存容器被损坏时。一般局限于生产、储存及使用这些物质的部门,所以涉及面较小。它们产生的原因是生产车间破坏、储存容器损坏或生产或使用时的失控。例如,天津塘沽某地毯厂,震前购进 5 瓶液氯。震时,该厂房屋倒塌,将液氯钢瓶移至附近的水坑中,发现其中一个钢瓶跑气,在排险过程中,有排险干部、工人 6 人及附近居民、过路行人 12 人中毒。

放射性物质污染:相比地震本身带来的灾害,核电泄漏带来的次生灾害的长期性及持久性,无疑更加触目惊心。2011 年 3 月 11 日下午,日本东部海域发生里氏 9.0 级大地震,并引发海啸。位于日本本州岛东部沿海的福岛第一核电站停堆,一号机组、三号机组相继发生爆炸。日本经济产业省原子能安全保安院承认有放射性物质泄漏到大气中,方圆若干千米内的居民被紧急疏散。就事件的毁灭性来讲,福岛核电站及其周围数英里将为永久无人区;就其持久性来讲,1986 年的切尔诺贝利核事故,造成 20 万人死亡,据悉其影响将持续 900 年!

传染性疾病(瘟疫):地震灾害后,灾区环境卫生不好常引起一些强烈致病性微生物,如细菌、病毒在灾区蔓延,造成灾区传染病流行。

现代科技的发达早已不惧怕瘟疫,在救援行动展开的同时就在进行灾情防御。但是在古代,灾害后的瘟疫就十分难处理,明朝永乐六年(1408 年),江西、福建等地因瘟疫死亡数万余人;明朝永乐十一年(1413 年),浙江归安等县因瘟疫死亡万余人;明朝正统十年(1445 年),浙江绍兴、宁波等地因瘟疫死亡 34000 余人,虽并不一定是地震所引起的,但同样能说明控制瘟疫流传的重要性。

滑坡:暴露在外面的斜坡上的土体或岩体受地震影响,在震动的作用下,沿着山体的软弱面或软弱带,整体地或者分散地顺坡向下滑动的现象就叫滑坡。中国是一个多山的国家,山地、丘陵和比较崎岖的高原占全国总面积的三分之二。在这些地区,地震一般都伴随不同程度的崩塌、滑坡和泥石流灾害,它是一类严重的地震次生灾害。如云南龙陵震区的一次泥石流能将百余万立方米的物质搬运到 13 千米以外的尧市坝,冲毁和淤埋 4000 余亩农田。

(2)心理性次生灾害

心理性次生灾害是无法用数字衡量的另一种次生灾害。唐山大地震、汶川大地震产生了大量的孤儿,数以万计的家庭支离破碎,妻离子散。逝者已矣,幸存下来的人的痛苦记忆却长存,一场大的灾难给生者内心留下的也许是一生都难以愈合的伤痕。而有一些地震本身虽然没有造成直接破坏,但由于各种"地震消息"广为流传,以致造成社会动荡而带来大量的经济损失。这种情况如果发生在经济发达的大、中城市,其损失不亚于一次真正的破坏性地震。另外,心理性的次生灾害还包括:震时有的人跳楼;公共场所的群众蜂拥外逃造成的称为"盲目避震"的摔、挤、踩等伤亡;大地震后,地震谣传或误传之后,由于恐震心理,还可出现不分时间、地区的"盲目搭建防震棚"灾害等。

你来思考

你了解地震的危害了吗? 看看你能说出几条?

小贴士

　　2008年汶川大地震,共造成69227人遇难,374643人受伤,失踪17923人,直接经济损失8452亿元人民币。四川受灾最严重,占总损失的91.3％,甘肃占总损失的5.8％,陕西占总损失的2.9％。国家统计局将损失指标分三类,第一类是人员伤亡问题,第二类是财产损失问题,第三类是对自然环境的破坏问题。在财产损失中,房屋的损失很大,民房和城市居民住房的损失占总损失的27.4％。学校、医院和其他非住宅用房的损失占总损失的20.4％。另外还有道路、桥梁和其他城市基础设施的损失,占总损失的21.9％。这三类是损失比例比较大的,70％以上的损失是由这三方面造成的。

三、有备无患——地震的预知

　**走进现场**

　　你知道下图中的物品是什么吗？你知道它有什么用吗？你知道它是怎么工作的吗？

　　这是世界上第一架地震预测仪器——地动仪,由我国东汉科学家张衡发明,用精铜制成,上部铸有8条金龙,分别伏在东、西、南、北及东北、东南、西北、西南八个方向。龙嘴各衔一颗小铜球,与地上仰蹲张嘴的蟾蜍相对。地动仪空腔中央,立一根铜柱,铜柱周围有8根横杆,各与一龙头相连。在地动仪

受到地震波冲击时,铜柱就倒向发生地震的方向,并推动同一方向的横杆和龙头,使龙嘴张开,铜球下落到蟾蜍嘴中,并发出响声,以提示人们注意发生了地震及地震的时间和方向。

互动讨论

你知道现在是如何预测地震的吗?

知识加油站

地震危害如此之大,如果我们能监测并准确地预报地震,将减少大量的人员伤亡及财产损失。我国地震工作者经过多年的不懈努力,在全国建有400多个台站,2000多个网点。但目前,人类对地震的预报,无论国内还是国外都仍然是一道尚未攻克的科学难题。我国实施的是"以预防为主,防御与救助相结合"的方针,重点抓好防震减灾工作、建设工程地震安全性评价和抗震设防工作;一旦地震发生,快速实施地震紧急救援措施,全力抢救受灾群众,保一方平安。

专家引路

1.地震的前兆

(1)地下水异常

地下水包括井水、泉水等。地下水异常主要是由于地下岩层受到挤压或拉伸,使地下水位上升或下降;或者使地壳内部气体和某些物质随水溢出,而使地下水冒泡、发浑、变味等。古人根据长期的经验,编出多种谚语形容该现象,如:"井水是个宝,前兆来得早;天雨水质浑,天旱井水冒;水位变化大,翻花冒气泡;有的变颜色,有的变味道。"

（2）生物异常

许多动物的某些器官感觉特别灵敏，它能比人类提前知道一些灾害事件的发生，例如，海洋中水母能预报风暴，老鼠能事先躲避矿井崩塌或有害气体的侵入等等。在地震前地下岩层早已逐日缓慢活动，呈现出蠕动状态，而断层面之间又具有强大的摩擦力，于是有人认为在摩擦的断层面上会产生一种每秒钟仅几次至十多次低于人的听觉所能感觉到的低频声波。人只能感觉到每秒 20 次以上的声波，而动物则不然。那些感觉十分灵敏的动物，在感触到这种声波时，便会惊恐万分、狂躁不安，以致出现冬蛇出洞，鱼跃水面，猪牛跳圈，在浅海处见到深水鱼或陌生鱼群，鸡飞狗跳等异常现象。

唐山大地震的前兆：据蔡家堡、北戴河一带的渔民说，在唐山大地震发生前，各种鱼儿纷纷上浮、翻白、极易捕捉，渔民遇到了从未有过的好运气。当年的 7 月 25 日，油轮四周海面的空气吱吱地响，一大群深绿色翅膀的蜻蜓飞来，栖在船窗、桅杆和船舷上，密匝匝的一片，一动不动，任人捕捉驱赶。不久，船上的骚动更大了，一大群五彩缤纷的蝴蝶、土色的蝗虫、黑色的蝉，以及许许多多麻雀和不知名的小鸟也飞来了，仿佛是不期而遇的大聚会。从这一例例的事件中可以看出，实际上每次大地震前大自然都会警告人类，只是没引起大家的注意。

（3）地声和地光

地声和地光是地震前夕或地震时，从地下或地面发出的声音及光亮，是重要的临震预兆。地震发生时，一小部分地震波能量传入空气变成声波而形成的声音称为地声。在露出地表的基岩和表土层很薄的靠山地区处容易听到地声。听到地声的时间一般在感到地面振动之前，也有的在感到地面振动之后。地声有的似雷声、炮声、撕布声，有的似拖拉机声、风声等。

地光多伴随地震、山崩、滑坡、塌陷或喷水冒沙、喷气等自然现象，常沿断裂带或一个区域作有规律的迁移，且受地质条件及地表和大气状态控制，能对人或动植物造成不同程度的危害。我国海城、龙陵、唐山、松潘等地震时及地震前后都出现了丰富多彩的发光现象。如果人们能在地震前意识到地震的到来，跑出建筑物到空旷的地方，人员伤亡将大大减少。

2.预防地震的准备工作

在意识到地震即将到来或是在收到地震临震预报时,我们应该怎么准备预防地震呢? 要减少地震的灾害,最有效的办法是依靠自己,以自己的力量作好预防灾害的准备。作为青少年的我们可以从以下几个方面来准备。

(1)准备好必要的防震物品:由食品、水、应急灯、简单药品、绳索、现金、收音机等组成的家庭防震包,放在容易抓取的地方。为脱离危险,你也许只有抓取一件物品的时间,急用物品都在其中,它会帮你渡过难关。

当大地震平息后,首先感到困惑的是饮用水的问题。水道断水是经常的事,城市中井水很少,所以在不知道什么时候发生地震的情况下,有必要每晚睡前准备一些应急的饮用水。

因地震而停电是不奇怪的,黑暗中就是在自己的房间也很难分辨东西南北,所以手电筒随时带在身边,就不会有太多的恐惧了。

地震发生后,电视中断,电话不通,报纸停刊,信息来源完全被断绝。此时,只有小型的收音机可以获得源源不断的重要情报,从而可以更好地应付不断变化的情况。

(2)检查并及时消除家里不利于防震的隐患。检查和加固住房,对不利于抗震的房屋要加固,不宜加固的危房要撤离。

(3)合理放置家具、物品。固定好高大家具,防止倾倒砸人,牢固的家具下面要腾空,以备震时藏身;家具物品摆放要"重在下、轻在上",墙上的悬挂物要取下来,防止掉下来伤人;清理好杂物,让门口、楼道畅通;阳台护墙要清理,拿掉花盆、杂物;易燃易爆和有毒物品要放在安全的地方;床要搬到离玻璃窗远一些的地方。窗上贴上防碎胶条。

(4)比起地震本身,地震后的火灾更可怕。因此,一旦发现稍有震动,首先要关掉液化气开关,消除火源。但经验告诉我们,当大地震发生时,人们往往没有时间,也不可能去顾及火源。尽管如此,只要有可能的话,避难之际要设法关掉煤气总开关。

17

你来思考

你能谈谈地震前可能有哪些征兆吗？为预防地震，我们需要做哪些
准备工作呢，你都准备好了吗？

四、死里逃生——地震的应对措施

走进现场

你认识他吗

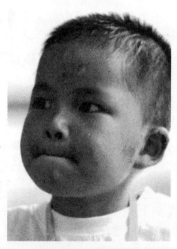

"我是班长"——林浩

　　汶川5·12大地震发生时，小林浩同其他同学一起迅速向教学楼外转移，未及跑出，便被压在了废墟之下。此时，废墟下的小林浩表现出了与其年龄所不相称的成熟，身为班长的他在废墟下组织同学们唱歌来鼓舞士气，并安慰因惊吓过度而哭泣的女同学。经过两个小时的艰难挣扎，身材矮小而灵活的小林浩终于爬出了废墟。但

此时,小林浩班上还有数十名同学被埋在废墟之下。9 岁半的小林浩没有惊慌地逃离,而是再次钻到废墟里进行救援,又将两名同学背出了废墟。2008 年 5 月 20 日,中央电视台和各大地方电视台播出了《九岁救灾小英雄林浩》的专题采访报道,当有记者问他为什么不自己逃走而是留下来救同学时,他回答说:"我是班长!"

互动讨论

小小的林浩,带给我们如此震撼。如果你是林浩,当时你会怎么做呢?

知识加油站

地震心理学上有一个"12 秒自救机会",即地震发生后,若能镇定自若地在 12 秒内迅速躲避到安全处,就能给自己提供最后一次自救机会。日本曾有统计,发生地震时被落下物砸死的人,超过被压死的人。可见,人在遭遇突发事件时,若能保持良好的心理状态,及时采取自救行为或逃离现场,常能获救或避免死亡。那我们该如何去做呢?不同的环境中有不同的应急措施,让我们一起来学习不同处境下的应对措施吧!

专家引路

1. 随机应变——避震的技巧

(1)在家中如何避震

如果地震时你在家中,首先要保持清醒、冷静的头脑,及时判别震动状况,正在用火、用电时,要立即灭火和断电,防止烫伤、触电和发生火灾。若住在平房或楼层低的房间,则应迅速冲出门外,同时注意保护头部,可用双手抱头或者用随手能找到的枕头或垫子、盆当做

"头盔"，要跑得远，而且跑到空地上。

如果跑出建筑物外很困难，要迅速寻找厨房、浴室、厕所等空间小、不易塌落的空间避震，或坚实的床等家具旁、内墙墙根、墙角处等易于形成三角形空间的地方躲避，并顺手用被褥、枕头、棉衣或脸盆等加强保护头部。远离玻璃窗、门，因为玻璃窗、门最容易破裂伤人。墙角要选择房间内侧的，因为外侧的墙在震动中容易倒塌。

小地震时躲在桌子等家具底下确实可以避免被上面掉下的东西砸到，但是碰上大地震，那些躲在桌下、床下和柜子里的人往往是最先被压到的。因为碰上大地震，屋顶和屋梁垮下来的时候，屋里那些结实的东西的侧边可能留下一小块活命的空间。而躲在桌子、床下的，则可能被桌子和床架压到。

（2）在户外如何避震

当大地剧烈摇晃、站立不稳的时候，身边的门柱、墙壁大多会成为扶靠的对象。但是，这些看上去挺结实的东西，实际上是危险的。正确的做法是选择开阔地蹲下或趴下，不要乱跑，不要随便返回室内；避开人多的地方，避开高大建筑物，如楼房、高大烟囱、水塔下，避开立交桥等一类结构复杂的构筑物；尽量靠近建筑物的外墙或离开建筑物。靠近墙的外侧远比内侧要好。在繁华街、楼区，最危险的是玻璃窗、广告牌等物会掉落下来砸伤人，此外，还应该注意自动售货机翻倒伤人。要注意用手或手提包等物保护好头部。在楼区时，根据情况进入建筑物中躲避比较安全，远离高压线及石化、化学、煤气等有毒工厂或设施，过桥时应紧紧抓住桥栏杆。

在野外时：若在山区应迅速向开阔地或者高地转移，不可往下跑，不能躲在危崖、狭缝处，并时刻提防山崩、滑坡、滚石、泥石流、地裂等。如遇到山崩，要向远离滚石滚落方向的两侧跑。若出现滑坡和泥石流时，应立即沿斜坡横向向水平方向撤离；在河边应迅速撤离到高地，谨防上游水坝和堰塞湖在地震中决口、垮塌；在平原要远离河岸及高压线等，以防河岸崩塌、电线杆倒塌、河流突然涨水等；在海边要远离海滩、港口，以防地震引发的海啸。

（3）行车时如何避震

发生大地震时，大地的晃动会致使人无法把握方向盘。此时必须充分注意避开十字路口将车子靠路边停下。为了不妨碍避难疏散的人和紧急车辆的通行,要让出道路的中间部分。躲在车内避难的人可能会被路边坠落的物体砸伤,被压垮的车辆旁边有一个1米左右高的空间。所以在地震时要离开车辆,靠近车辆坐下或躺在车边;不要钻到车底下,垂直落下的巨大物体会压扁车体导致丧生。

如果你正在公交车上,要抓牢扶手、竖杆,低头,以免摔倒或碰伤。在座位上的人,要将胳膊靠在前坐的椅背上,护住面部;也可降低重心,躲在座位附近。要等车停稳、地震过去之后再下车,下车时要观察周围环境,防止高空坠物。避难时要徒步,携带物品应在最低限度。要注意汽车收音机的广播,附近有警察的话,要依照其指示行事。

（4）在公共场所避震

在车站、剧院、商店、地铁等场所遇到地震,要保持镇静,避开人流,防止摔倒被踩踏。就地择物躲藏,然后听从指挥,有序撤离,切忌乱逃生。最忌慌乱,要冷静观察周边环境,注意避开吊灯、电扇等悬挂物,用书包等物或双手保护头部。特别是当场内断电时,不要乱喊乱叫,更不得乱挤,要立即躲在排椅、台脚边或坚固物品旁,或者就近躲到空间小的房间,如洗手间。待地震过后在相关人员统一指挥下有序地分路迅速撤离,就近在开阔地带避震。要小心选择出口,避免遭人踩踏,切记不要使用电梯。随人流行动时,要避免被挤到墙壁或栅栏处。要解开衣领,保持呼吸畅通。双手交叉放在胸前,保护自己,用肩和背承受外部压力。处于楼上位置,原则上向底层转移最好。但楼梯往往是建筑物的薄弱部位,因此,要看准避险的合适地方,就近躲避,震后迅速撤离。

（5）在学校如何避震

当我们正在教室里上课时发生地震,坐在门边的同学要立即打开教室后门,防止教室门变形后无法打开;坐在开关附近的同学应顺手关闭教室的电灯、电扇的电源。如果楼层较高,千万不要跳楼、跳窗,也不要在教室里乱跑、争抢外出。在高楼中,强震时不可贸然外逃,因为时间来不及。盲目乱跑,不仅不能逃生,还极易发生踩踏挤伤。正确的办法就是就近躲藏。靠墙的同学紧靠墙根蹲下,中间的同学马上钻到课桌底下,闭眼趴下(闭眼的目的是避免玻璃破碎后或其他杂物伤害眼睛)。

如果在操场或室外,切忌马上回到教室去,可双手抱住头部原地不动蹲下,但要注意避开教学楼及附近高大建筑物,如电线、标牌、盆景等。

(6)在电梯中如何避震

万一在搭乘电梯时遇到地震,将操作盘上各楼层的按钮全部按下,一旦停下,迅速离开电梯,确认安全后避难。高层大厦以及近来的建筑物的电梯,都装有管制运行的装置。地震发生时,会自动地工作,停在最近的楼层。万一被关在电梯中,请通过电梯中的专用电话与管理室联系、求助。

还有两个应该知道的常识:

(1)猫、狗和小孩子在遇到危险的时候,会自然地蜷缩起身体。地震时,如果你不能从门或窗口逃生,你也应该这么做。这是一种安全的本能反应,而且你在一个很小的空间里就可以做到。靠近一个物体,一个沙发或一个大件,当它仅受到略微的挤压时,它旁边的地方就会有一个安全空间。

(2)在地震中,木质建筑物安全系数最高。木头具有弹性,并且与地震的力量一起移动。如果木质建筑物倒塌了,会留出很大的生存空间,而且木质材料密度最小,重量最小。砖块材料则会破碎成一块块更小的砖。砖块会造成人员受伤,但是,被砖块压伤的人远比被水泥压伤的人数要少得多。

2. 绝处求生——废墟下如何自救

强烈的地震往往会造成大量房屋倒塌,严重威胁人们的生命安全。1983年11月7日山东菏泽发生5.9级地震,房屋大量倒塌,2万余人被埋在废墟里。由于自救活动开展迅速,被埋压人员90%以上都在两个小时内获救,经过及时治疗生存率达99.2%。由此可见,在地震时被埋压在废墟里后,如何进行自救,是每个青少年都应该关注的问题。

(1)如果震后被埋压在废墟中,一定要沉住气,树立生存的信心,要相信一定会有人来救援,要千方百计坚持下去,等待救援。

（2）保护自己不受新的伤害。震后，余震还会不断发生，你的环境还可能进一步恶化，等待救援需要一定的时间。因此，你要尽量改善自己所处的环境，稳定下来，设法脱险。被埋压在废墟下，即使身体未受伤，也还有被烟尘呛闷窒息的危险，因此要注意用手巾、衣服或手捂住口鼻，避免意外事故的发生。另外，想办法将手与脚挣脱开来，并利用双手和可能活动的其他部位清除压在身上的各种物体。用砖头、木头等支撑住可能塌落的重物，尽量将安全空间扩大些，保持足够的空气以供呼吸。

（3）设法自行脱险，尽力与外界取得联系。仔细听听周围有没有其他人，听到人声时用石块敲击铁管、墙壁，以发出呼救信号；观察四周有没有通道或光亮，从哪个方向可能脱险，然后试着排开障碍，开辟通道。如果床、窗户、椅子等旁边还有空间的话，可以从下面爬过去，或者仰面过去，最好朝着有光线和空气的地方移动。头朝下往下滑行时，不要将两手都放在前面，一只手要放到身体的侧面，这是防止身体失去平衡的必要措施。两手交替抱住胸部，用胳膊肘滑下来效果比较好。

（4）如果暂时不能脱险，要耐心保护自己，等待救援。首先，不要大喊大叫。一般来说，被压在废墟里的人听外面人的声音比较清楚，而外面的人对里面发出的声音则不容易听到，只有听到外面有人时再呼喊，才能收到良好效果。不停地呼喊想寻求救助的做法是错误的，因为会加速体能消耗，还会吸入大量烟尘，造成窒息。最佳求救方式就是用石块等敲击管道、墙壁等一切能使外界听到的方法。其次，被压埋期间，要想方设法寻找代用食物和水。俗话说，饥不择食，若要生存，只能这样做。唐山地震时，一位居民被压埋后，靠饮用床下一盆未倒的洗脚水而生存下来，最终得救。

（5）几个人同时被压时，要互相鼓励。自行脱离危险后，要尽快与家人或学校取得联系。按震前商定的家庭团聚计划行动。积极参加互救活动，在有关人员的指导下行动，用科学的方法救助他人。

3.同舟共济——如何救助他人

震后，外界救灾队伍不可能立即赶到救灾现场，在这种情况下，为使更多被埋压在废墟下的人员获得宝贵的生命，积极投入互救是减轻人员伤亡最及时、最有效的办法。

抢救时间及时，获救的希望就大。据有关资料显示，震后 20 分钟获救的救活率达 98％以上；震后一小时获救的救活率下降到 63％；震后 2 小时还无法获救的人员中，窒息死亡人数占死亡人数的 58％；时间越长，存活率越低。许多受害者不是在地震中因建筑物垮塌砸死，而是窒息死亡，如能及时救助是完全可以挽救生命的。

地震后救人，时间就是生命。救人应当先从最近处救起，不论是家人、邻居、同事，还是萍水相逢的路人，只要是近处有人被埋压，就要先救他们，这样可以争取时间，减少伤亡；先救容易救的人，这样可迅速壮大互救队伍；先救青壮年和医务人员，可使他们在救灾中充分发挥作用；先救"生"，后救"人"。唐山大地震中一农村妇女，每救一个人，只把其头部露出，避免窒息，接着再去救另一个人，在很短时间内使几十人获救。过去曾发生过救援人员盲目行动，踩塌被埋压者头上的房盖，砸死被埋人员的事件。因此在营救过程中要科学地分析和行动才能收到好的营救效果，盲目行动，往往会给营救对象造成新的伤害。

（1）在互救过程中，要有组织，讲究方法，避免盲目图快而增加不应有的伤亡。首先通过废墟中喊话或敲击建筑物，判断被埋人员的位置，特别是头部方位，使用的工具（如铁棒、锄头、棍棒等）不要伤及埋压人员。最好用手一点点拨，不可用利器刨挖。

（2）挖掘时要分清哪些是支撑物，哪些是压埋阻挡物，不要破坏了埋压人员所处空间周围的支撑条件，引起新的垮塌，使埋压人员再次遇险。在施救过程中，应尽快疏通埋压人员的封闭空间，使新鲜空气流入；在清除压埋物及钻凿、分割时，有条件的要泼水，以防伤员呛闷而死。

（3）施救时先将被埋压人员的头部从废墟中暴露出来，清除口鼻内的尘土，以保证其呼吸顺畅。对于伤害严重、不能自行离开埋压处的人员，不得强拉硬拖，应该设法小心地清除其身上和周围的埋压物，再将被埋压人员抬出废墟；如伤势严重的，应设法暴露全身，查明伤情，包扎固定或急救。

（4）对于在黑暗、窒息、饥渴状态下埋压过久的人,救后应给予必要的护理:蒙上眼睛,使其避免强光的刺激;不可突然接受大量新鲜空气,不可一下子进食过多;要避免被救人情绪过于激动;对受伤者,要就地作相应的紧急处理。

（5）对于脊椎损伤者,挖掘时要避免再次加重脊椎损伤。从废墟中救出后,在转送搬运时,应使用硬担架或门板,绝对禁止脊椎弯曲或扭转;不能一人抬肩,一人抬腿,以免造成伤员瘫痪。凡四肢骨折、关节损伤者,应就地取材,制作夹板,实施固定。固定时,应显露伤肢末端,以便观察血液循环。

（6）伤者出血过量、休克,应紧急止血,让其平躺,抬起并垫高双腿双脚,尽量使血液回流心脏,并马上送医;头部出血,只包住出血的部位无济于事,必须马上找到颞浅动脉(两侧耳际前上方一两指脉搏跳动处),并用力按压住。伤者腕动脉割破,应赶紧在上臂上段结扎包治。胸部外伤,要用毛巾等迅速捂住伤口;如有异物刺入,千万不要拔出。

4.重建家园——灾后生活的注意事项

（1）震后露宿时应注意什么

①大震后一般都伴随着众多的余震,个别余震的强度还很大,因此震后露宿要避开危楼、高压线等危险物。

②选择干燥、避风、平坦的地方露宿;在山上露宿时,最好选择东南坡。

③尽量注意保暖,如果身体和地面仅隔着薄薄的塑料布和凉席,凉风与地表湿气向上蒸腾,常常会诱发疾病。

（2）搭建防震棚要注意什么

①场地要开阔。在农村要避开危崖、陡坎、河滩等地,在城市要避开危楼、烟囱、水塔、高压线等处。

②不要建在阻碍交通的道口,以确保道路畅通。

③在防震棚中要注意管好照明灯火、炉火和电源,留好防火道,以防火灾和煤气中毒。

④防震棚顶部不要压砖头、石头或其他重物,以免掉落砸伤人。

（3）震后哪些食品不能吃

①被污水浸泡过的食品中,除了密封完好的罐头类食品外,都不

能食用。

②死亡的畜禽、被污染的水产品。

③压在地下已腐烂的蔬菜、水果。

④来源不明、无明确食品标志的食品。

⑤严重发霉(发霉率在30%以上)的大米、小麦、玉米、花生,以及不能辨认的蘑菇。

⑥加工后常温下放置4小时以上的熟食等。

(4)灾后如何解决饮水问题

强烈地震后,城市自来水系统遭到严重破坏,供水中断;乡镇水井井壁坍塌,井管断裂或错开、淤砂;地表水受粪便、污水以及腐烂尸体的严重污染;由于供水困难,有时不得不饮用河水、塘水、沟水和游泳池水以及雨水等。在这种情况下,为了解决饮水问题,首先要尽量等待洁净的饮用水运来灾区;同时,要在灾区寻找水源,并请工作人员对当地水质进行检验,确定能否饮用;对暂不适饮用的水要请工作人员进行净化处理,质量合格后才能饮用。

(5)灾后为什么要大力杀灭蚊蝇

震后,由于厕所、粪池被震坏,下水管道断裂,污水溢出以及有尸体腐烂,加之卫生防疫管理工作可能一时瘫痪,会形成大量蚊蝇孳生地,极易在短时间内繁殖大批蚊蝇,造成疫病流行。因此,必须采取一切方法,大力杀灭蚊蝇。

(6)怎样预防地震火灾

①存放易燃易爆物品,应与灾民居住区保持一定的安全距离。

②加强对易燃易爆物品的管理。凡性质互相抵触的易燃易爆物品,都要分别贮存;放在架子上的易燃易爆物品,应将容器和架子固定,以防余震发生时倾倒。

③防震棚尤应注意防火。不要随便吸烟、乱扔烟头;尽量不用油灯、蜡烛照明,需用时应放在盛有沙土的盆内或桶内。

④人员密集区要留出消防通道,以利用于解决消防水源问题。

⑤为了不使火灾酿成大祸,左邻右舍之间要互相帮助,力求尽快扑灭早期火灾。

地震之最

死亡人数最多的地震:若以地震及其随后的冻死、瘟疫致死的总数论,则首推 1556 年 1 月 23 日(明嘉靖三十四年十二月十二日)子夜发生在陕西华山的 8 级地震。死亡人数:"其奏报有名者 83 万有奇,不知名者复不可数计"。

世界上第一次成功预报的地震:中国成功地预报了 1975 年 2 月 4 日海城 7.3 级地震,由于此次地震被成功预报,使损失大为减少,被称为 20 世纪地球科学史和世界科技史上的奇迹。

世界上引起最大火灾的地震:1923 年 9 月 1 日的日本关东 8.3 级大地震,木屋居多的东京有 36.6 万户房屋被烧毁,死亡和下落不明者达 14 万人,其中多数人是被地震引发的大火烧死的,横须贺市有 3.5 万户房屋被烧毁,横滨市有 5.8 万户房屋被烧毁。

27

第二篇
在浓烟烈火中重生
——面对火灾的紧急避险自救

火，像天使一样，给人们带来了光明，带来了温暖，带来了便利；但它又像恶魔一样，如果使用不当或者管理不好，便会酿成火灾，伤及我们的生命，烧毁我们的财物，给我们带来灾难。当今，火灾是世界各国人民所面临的一个共同的灾难性问题。它给人类社会造成生命、财产的严重损失。随着社会生产力的发展，社会财富日益增加，火灾损失上升及火灾危害范围扩大的总趋势是客观规律。据联合国世界火灾统计中心提供的资料介绍，火灾造成的损失，美国不到7年翻一番，日本平均16年翻一番，中国平均12年翻一番。因此，了解火灾相关知识、加强消防意识、提高自防自救能力是非常重要的。今天，就让我们一起来认识火灾吧！

一、浓烟滚滚、焦味熏天——火灾来啦

火灾发生啦

　　冬冬家住在五楼。一天夜里,爸爸妈妈都睡觉了,冬冬一人在写作业,写着写着,突然闻到一股焦味,并听到"起火了"的呼叫声。冬冬打开房门一看,走廊里浓烟滚滚,走廊尽头的玻璃被大火烧得"噼啪"响。冬冬脑中一闪:"不好,发生火灾了!"浓烟已封锁了楼梯口,火势向走廊这头蔓延过来,想从楼梯口跑出去已不可能了。但冬冬很冷静,迅速紧闭房门,回到房中叫醒爸妈,在爸爸的帮助下拨打了119火警电话,并用水浇湿床上的被褥、毛毯和家具,用湿被单堵严门缝防止浓烟窜进来,然后一家三口躲到卫生间,把窗打开一条缝,既控制浓烟进入,又能呼吸新鲜空气。6分钟后,消防队员赶到,并在5分钟后将大火扑灭。就这样冬冬和爸妈得救了。

互动讨论

(1)火灾是什么？

(2)火灾是怎么发生的？

(3)火灾有什么危害呢？

知识加油站

火灾是指在时间和空间上失去控制并对财物和人身安全造成损害的燃烧现象。火虽然很有用，在我们日常生活中扮演着非常重要的角色，但火灾是非常危险的，因为它可以摧毁一切事物。在各种自然灾害中，火灾是最经常、最普遍的，威胁公众安全和社会发展的主要灾害之一。

专家引路

1.关于燃烧的基本概念

(1)燃烧：俗称着火，是指可燃物与氧化剂作用发生的放热反应，通常伴有火焰、发光和(或)发烟的现象。

(2)燃烧的重要因素：物质燃烧的发生和发展，必须具备以下三个必要条件，即可燃物、助燃物和温度(引火源)。只有这三个条件同时具备，才可能发生燃烧现象，无论缺少哪一个条件，燃烧都不能发生。但是，并不是上述三个条件同时存在就一定会发生燃烧现象，这三个条件还必须相互作用才能发生燃烧。

可燃物：凡是能与空气中的氧或其他氧化剂起燃烧化学反应的物质称为可燃物。可燃物按其物理状态分为气体可燃物、液体可燃物和固体可燃物三种类别。可燃烧物质大多是含碳和氢的化合物，某些金属如镁、铝、钙等在某些条件下也可以燃烧，还有许多物质如肼、臭氧等在高温下可以分解而放出光和热。

助燃物:帮助和支持可燃物燃烧的物质,即能与可燃物发生氧化反应的物质称为氧化剂。燃烧过程中的氧化剂主要是空气中游离的氧,另外如氟、氯等也可以作为燃烧反应的氧化剂。

温度(引火源):是指供给可燃物与氧或助燃剂发生燃烧反应的能量来源。常见的是热能,其他还有化学能、电能、机械能等转变的热能。

链式反应:有焰燃烧都存在链式反应。当某种可燃物受热时,它不仅会汽化,而且该可燃物的分子会发生热裂解作用从而产生自由基。自由基是一种高度活泼的化学形态,能与其他的自由基和分子反应,而使燃烧持续进行下去,这就是燃烧的链式反应。

综上所述,燃烧的充分条件:一定的可燃物浓度,一定的氧气含量,一定的点火能量,未受抑制的链式反应。例如,汽油的最小点火能量为 0.2MJ,乙醚为 0.19MJ,甲醇为 0.215MJ。对于无焰燃烧,前三个条件同时存在、相互作用,燃烧即会发生。而对于有焰燃烧,除以上三个条件外,燃烧过程中存在未受抑制的游离基(自由基),形成链式反应,使燃烧能够持续下去,亦是燃烧的充分条件之一。

2.火灾分类

了解了火灾发生的基本条件,我们知道了生活中易燃物品无处不在,不同的可燃物其燃烧特性不同,危害也不同,相应的灭火方法亦不同。因此,将火灾进行分类,进一步了解其特性,对防火和灭火,特别是对选用灭火器有指导意义。

根据国家标准 GB496885《火灾分类》的规定,按照可燃物的类型和燃烧特性,可将火灾分为 A、B、C、D、E、F 六类。

A 类火灾:固体物质火灾。这种物质通常具有有机物质性质,一般在燃烧时能产生灼热的余烬。如木材、煤、棉、毛、麻、纸张等火灾。

B 类火灾:液体或可熔化的固体物质火灾。如煤油、柴油、原油、甲醇、乙醇、沥青、石蜡等火灾。

C 类火灾:气体火灾。如煤气、天然气、甲烷、乙烷、丙烷、氢气等火灾。

D 类火灾：金属火灾。如钾、钠、镁、铝镁合金等火灾。

E 类火灾：带电火灾。物体带电燃烧的火灾。

F 类火灾：烹饪器具内的烹饪物（如动植物油脂）火灾。

由于本分类方法是根据可燃物的类型和物质燃烧特性而划分的，因此电器火灾不作为单独类型列入本标准中。

3. 火灾等级

我们知道，地震由震级和地震烈度来表示其破坏程度，那么火灾呢？同样的，我们也制订了一把用来衡量火灾的影响及其所带来的危害的"尺子"——火灾等级。

按照我国火灾事故等级标准，火灾可分为以下四个级别。

特别重大火灾（上海静安区火灾）

重大火灾（湖北武汉商住楼火灾）

较大火灾（广东江门台山火灾）

一般火灾（安徽安庆枞阳官渡村火灾）

特别重大火灾：造成 30·人以上死亡，或者 100 人以上重伤，或者 1 亿元以上直接财产损失的火灾。如 2010 年 11 月 15 日，上海市静

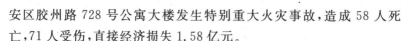

安区胶州路 728 号公寓大楼发生特别重大火灾事故,造成 58 人死亡,71 人受伤,直接经济损失 1.58 亿元。

重大火灾:造成 10 人以上 30 人以下死亡,或者 50 人以上 100 人以下重伤,或者 5000 万元以上 1 亿元以下直接财产损失的火灾。如 2011 年 1 月 17 日 22 时 30 分左右,湖北省武汉市一座商住楼发生一起重大火灾,造成 14 人死亡 4 人受伤。

较大火灾:造成 3 人以上 10 人以下死亡,或者 10 人以上 50 人以下重伤,或者 1000 万元以上 5000 万元以下直接财产损失的火灾。如 2011 年 8 月 25 日 7 时 04 分,广东省江门台山市台城宝贝糖水店发生一起较大火灾,造成 6 人死亡。

一般火灾:造成 3 人以下死亡,或者 10 人以下重伤,或者 1000 万元以下直接财产损失的火灾。如 2009 年 12 月 8 日,安徽省安庆枞阳官渡村居民住宅发生火灾,造成 2 人死亡。

4. 火灾的危害

(1)毁坏物质财富

在我国有这样一句广为流传的谚语:"贼偷三次不穷,火烧一把精光。"它形象、生动地刻画了火灾的残酷无情。一把火可使人们数十载辛勤劳动创造的物质财富顷刻之间化为灰烬,它也会刹那间就吞噬整个村寨、街道、工厂和城市。1860 年,英法联军攻打中国,放火焚烧美丽的圆明园,大火持续了三天三夜,富丽堂皇的、凝聚着广大劳动人民血汗的、中国文化史上不可估量的艺术瑰宝便付之一炬。

(2)残害人类生命

火灾现场的浓烟、燃烧产生的毒气及释放的高热量都足以致命。黑压压的烟雾不仅妨碍视线,遮蔽标志及逃生出口,还能对眼、鼻和喉部造成刺激。燃烧产生的毒性气体主要包括一氧化碳和二氧化碳,前者可造成中毒,后者可引起窒息;其他毒性气体如氨气、氰化氢、硫化氢、二氧化氮、二氧化氮等含量超过人正常生理所允许的最低浓度时,都会造成中毒死亡。与火焰接触或暴露于强烈辐射热可引起皮肤烧伤或肺部受伤,体温过高甚至可致死亡。

（3）破坏生态平衡

森林草原、江河湖海是大自然赋予人类的宝贵财富。它们不仅是人类进行生产、生活的自然资源，而且是人类进行水土保持、调节气候、净化空气、维持生态平衡等的忠诚卫士。

我国是一个森林资源十分匮乏的国家，森林覆盖率只有13.92%，而火灾却时刻威胁着森林。据统计1950～1997年全国共发生森林火灾67.5万次，平均每年1.4万次。平均森林受害率0.63%。1987年大兴安岭特大森林火灾，10万军民经过近一个月的奋战才将大火扑灭。这场大火使60多亿平方米的森林变成焦土，经济损失几十亿元，被破坏的生态平衡需80年才能恢复。

（4）造成的间接经济损失

现代社会的运转恰如一台大机器，各行业、各单位是组成它的零部件，它们是密切联系着的。发生火灾，特别是重、特大火灾，其影响之大往往是人们始料不及的，远远超出了"四邻遭殃"或"殃及池鱼"的范围，其造成的间接经济损失则更为严重。全世界每天发生火灾1万多起，造成数百人死亡。近几年来，我国每年发生火灾约4万起，死亡2000多人，伤残3000～4000人，每年火灾造成的直接财产损失10多亿元，尤其是造成数十、数百人死亡的特大恶性火灾时有发生，给国家和人民群众的生命财产造成的间接经济损失更是无从算起。

 你来思考

刚才给你介绍了火灾相关的基本知识，你能说出火灾发生的基本条件吗？能讲一讲火灾的危害吗？你知道身边哪些情形容易引起火灾吗？

 小贴士

中国历史上"火灾之最"

（1）最大的武器库火灾：公元295年，洛阳武器库发生火灾，装备

20 万军队的器械全部烧尽。

（2）最大的寺庙火灾：公元 534 年，洛阳永宁寺大火，火烧 3 月不灭，寺庙尽毁。

（3）最大的城市火灾：公元 1201 年，杭州大火，延烧 58097 家城内外垣 10 余里，死者不可计。

（4）最大的火药库火灾：公元 1626 年 5 月，北京干茶厂火药起火爆炸，炸塌房屋 1.09 万间，死亡 3000 余人。

（5）最大的纵火案：1860 年 10 月 6 日，八国联军侵入圆明园，17～19 日纵火烧毁 100 多处建筑群，面积达 16 万平方米。

（6）死亡人数最多的火灾：1945 年广州剧院发生的火灾，死亡人数 1670 人。

（7）最大的森林火灾：1987 年 5 月 6 日，我国大兴安岭森林发生火灾，过火面积 101 公顷，烧毁木材 85.3 万立方米，房屋 61.4 万平方米，5 万余人无家可归。

二、潜伏在身边的恶魔——火灾隐患

罪魁祸首是谁

2004 年 2 月 15 日,吉林省吉林市中百商厦发生了一起特别重大火灾事故,造成 54 人死亡,70 多人受伤,直接经济损失达 400 多万元。火灾事故中死亡的人有大人、有小孩,有男人、有妇女,一个个鲜活的生命就在刹那间被烧成了焦炭,无法辨认,几十户家庭也由此陷入了无尽的哀痛中!

互动讨论

火灾隐患就潜伏在我们的身边。那么,我们身边到底有多少类似这样的隐患呢?

知识加油站

火灾隐患是指单位、场所、设备以及人们的行为违反消防法律法规,有引起火灾或爆炸事故、危及生命财产安全、阻碍火灾扑救等潜在的危险因素和条件。火灾隐患的判定标准如下:具有直接引发火灾危险的,发生火灾时会导致火势蔓延、扩大或者会增加对人身、财产危害的,发生火灾时会影响人员安全疏散或者灭火救援行动的。

专家引路

纵观一起起火灾事故,不难发现,大多数火灾都是人们消防意识淡薄、麻痹大意种下的恶果,或是漠视生命、追求一时利益的惩罚,或是因为缺乏自救知识而酿成的苦果。其实,火灾隐患就潜伏在我们的身边,是我们的疏忽给了它们爆发的机会。

青少年吸烟有害健康

1. 烟头蚊香引发火灾

吸烟有害健康,学生不应该吸烟,躲藏起来吸烟更危险,你知道为什么吗?

乱扔烟头、未熄灭的火柴梗,卧床吸烟,将烟灰缸内的未熄灭烟头倒进纸篓等都可能引起火灾。一支小小烟头,看似殆尽,殊不知其表面温度可达 250℃,中心温度可达 700℃~800℃;蚊香燃着时的温度约 700℃左右,这个温度超过了纸张和棉、麻、化纤织物等可燃物的燃点,足以把它们引燃起火。

因此,点燃的烟头、蚊香必须注意对其防火。否则,如下的悲剧还将继续发生:1985 年 4 月 18 日 23 时,哈尔滨市天鹅饭店发生火灾。在大火中有 10 人丧生,其中有外宾 6 人;重伤 7 人,其中有外宾 4 人。起火原因为 18 日晚上,美国友人安德里克去哈尔滨炼油厂赴宴,回到饭店 11 楼 1116 房间后,就和衣躺在床上抽烟,入睡时烟头掉落在床上,引燃床上被褥。经过一段较长时间的引燃,燃烧范围扩大,安德里克被烟呛醒后未采取措施,打开房门匆匆离去,造成火灾迅速蔓延,又因报警晚,从而导致一场特大火灾。

2. 用火不慎引发火灾

人们麻痹大意,用火违反安全制度或不良生活习惯等都会造成火灾。包括使用炉灶不当,用蜡烛等明火照明,生火取暖等。明火照明引发火灾屡见不鲜,就让我们一起来看看两起此类火灾事故吧。

39

1997年5月23日凌晨3时许，云南省富宁县洞波乡中心学校学生侯应香在床上蚊帐内点蜡烛看书，不慎碰倒蜡烛引燃蚊帐和衣物引起火灾。大火烧死学生21人，伤2人，烧毁宿舍24平方米，直接经济损失1.5万元。

2007年10月24日18时11分，重庆某高校KTV厅，聚会散去后，赵某对KTV厅检查时，点燃打火机将手伸进沙发底部40厘米处进行照明，查看沙发底座是否有啤酒瓶遗留。经过几秒来回照明，未发现沙发底座有异物，便匆匆离去。没想到就在离去的几分钟后便燃起了大火，结果引燃KTV厅内沙发、电视等物品，造成直接经济损失10万余元，幸好消防部门及时到场扑救和疏散，火灾未造成人员伤亡。

这是多么惨痛的教训，在这突如其来的灾难面前，我们不得不问，是什么原因造成如此巨大的人员伤亡和财产损失？是人们消防意识淡薄、麻痹大意酿成的苦果。所以，我们一定要认识到火灾的危害性，增强安全防范意识，将火灾苗头扼杀在萌芽状态！

3. 烟花爆竹、易燃易爆品引发火灾

(1) 烟花爆竹

相信不少的朋友都放过鞭炮吧！春节是中华民族的传统节日，是合家团圆的日子。在新春佳节之际，人们总会通过燃放鞭炮的方式来迎接新年。但是，当人们沉浸于燃放烟火的欢乐中时，也许都失去了对火灾理性的思考，焰火所酝酿的火灾将会一触即发，悲剧也会同时到来。

由于鞭炮具有一定的危险性，大家在燃放鞭炮时一定要注意安全。这里为大家带来放鞭炮时的安全注意事项：①不要在室内、人员集中的公共场所、储物仓库、化工厂、电线密集处、绿化带、地下窖井、下水道、化粪池等地或附近燃放鞭炮，尽量选择人少、建筑物少、无易燃易爆物的空旷场所燃放。②如果你年龄还小，一定要在大人陪同下燃放，避免在燃放鞭炮过程中惊慌失措，错误燃放造成意外。③不要做出在手中燃放鞭炮、把鞭炮抛出导致爆竹横飞，从而引起火灾或者炸伤人群的危险举动。④存放鞭炮应选择低温干燥，远离火源、电

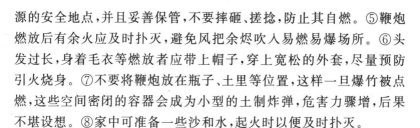

源的安全地点,并且妥善保管,不要摔砸、搓捻,防止其自燃。⑤鞭炮燃放后有余火应及时扑灭,避免风把余烬吹入易燃易爆场所。⑥头发过长,身着毛衣等燃放者应带上帽子,穿上宽松的外套,尽量预防引火烧身。⑦不要将鞭炮放在瓶子、土里等位置,这样一旦爆竹被点燃,这些空间密闭的容器会成为小型的土制炸弹,危害力骤增,后果不堪设想。⑧家中可准备一些沙和水,起火时以便及时扑灭。

(2)易燃易爆品

汽油为易燃易爆物品,一旦遇到火源,便会引起燃烧甚至爆炸,危及生命。因此,我们不能私自将易燃易爆物品藏于家中,或带入公共娱乐场所;不应在加油加气站附近玩耍打闹、吸烟、打火;更不能在存放易燃易爆物品的仓库内使用油灯、蜡烛及其他明火照明。

4.用电不规范引发火灾

电器设备在安装、使用中,违反安全规定,或者线路老化、短路、乱拉电线等会造成电器火灾。

(1)电插头过载,短路引发火灾

每个插头也有最大允许荷载电流,不能过载,否则将引起火灾。2008 年 5 月 5 日,中央民族大学 28 号楼 6 层 S0601 女生宿舍发生火灾。宿舍最初起火部位为物品摆放架上的配电板。因该配电板用电器插头连接不规范,且长时间使用大功率电器造成配电板过热,引燃配电板及附近的布帘等可燃物造成火灾。事发后校方在该宿舍楼进行检查,发现 1300 余件违规使用的电器,其中最易引

插头过载易引火灾

发火灾的"热得快"有 30 件。

（2）电路过载，短路引发火灾

电器功率之和超过电路允许载荷电流，使电路过热，加速绝缘层老化，绝缘能力下降。绝缘能力下降又导致感应电流增加，进而电路载荷电流增加，形成恶性循环，最终导致绝缘层丧失绝缘能力，甚至绝缘层脱落，造成短路，引发火灾。

（3）其他可能引起短路的原因

经常都能见到在一些居民区里，私拉乱接的电线像蜘蛛网一样，甚至还有人在电线上晾晒衣物。这种现象不得不让人担忧，万一出现线路故障，漏电短路酿成大火灾，那该多危险！

电气线路受高温、潮湿或腐蚀等作用的影响，绝缘层受到破坏；线路年久失修，绝缘层老化脱落；电压过高击穿绝缘层；乱拉电线或错误操作使两线相碰。火灾会在以上这些情形下蓄意待发。

 你来思考

刚刚我们一起学习了生活中的火灾隐患，你记住了多少呢？那么，我们又该如何来防止这些火灾的发生呢？

 小贴士

引发火灾的 30 个"一"

30 个"一"，是指引起火灾的 30 个火源点。具体是：一个烟头，一根没有熄灭的火柴源，一支蜡烛，一个烟囱裂缝，一个火坑，一个火炉，一堵火墙，一个没有烟道的炉灶，一个火坑窟窿，一个喷灯，一个煤油炉，一只鞭炮，一只转碟花炮，一个曳光弹，一个接触不良的电器开关，一根松动的高压线，一根老化灯线，一个大灯泡，一床电褥子，一个电水壶，一个电热杯，一个电熨斗，一个电猎捕鼠器，一个油桶，一块劈柴，一滴汽油，一个棉花团，一块废油布，一撮火药，一团没有熄灭的炉灰。

三、防患于未"燃"——火灾的预防

世界消防日

　　火灾,是可怕的事故灾难。每一次火灾事故,都深深触动着我们的心灵;每一份火灾事故数据,都仿佛让我们置身现场,看到熊熊燃烧的大火,听到人们撕心裂肺的喊叫和求救声,重重地叩击着我们的心扉。一场大火,常常造成家毁人亡、损失惨重的严重后果。为了避免这样的悲剧发生,防范是非常必要的。11月9日是世界消防日,它时时提醒我们要把消防意识谨记心中。

11月9日是世界消防日,消防意识常记心间哦!

43

互动讨论

　　(1)火灾可以预防吗?
　　(2)如何才能防止火灾的发生?

知识加油站

　　虽然天灾不以人的意志为转移,但火灾是可预防的。火虽然像一匹在原野上奔跑的烈马难以控制,但如果给它套上缰绳、加以驯化,它就会听从主人的驾驭,忠实地为人类服务。只要我们不断提高自己的消防意识,及时查找并消除安全隐患,时刻紧绷"防范弦",火灾就会离我们远去,就能最大限度地减少火灾带来的损失。"火灾猛于虎,预防是关键"。那么,就让我们一起来做好火灾的防范工作吧!

1. 全民防火,从我做起

(1)养成良好的生活习惯,不要随意乱扔未熄灭的烟头和其他火种;不要在酒后、疲劳状态和临睡前躺在床上或沙发上吸烟。

(2)外出和临睡前应关闭电器、燃气炉具,熄灭火源。

(3)生火取暖和夏季点蚊香时,应注意防火。

(4)节庆时,应按规定安全燃放烟花爆竹,儿童不要随意燃放,也不要玩火。

(5)不能在草木繁茂的山林野炊,特别是在干燥的森林防火期,更不能在山林乱扔未熄灭的烟头。

(6)上山扫墓祭祖不能烧纸箔、烧香,以防发生森林火灾。

(7)及时熄灭因抽烟、点蚊香、点蜡烛等留下的火种。

2. 作好日常火灾隐患检查

千里之堤,溃于蚁穴。火灾的防范要从大处着眼,但应该从小处做起。细节不轻易引人注重,如老化的绝缘材料、放错了位置的废纸篓等。但几乎所有的重大事故都是由于起初的"不注重""不小心"引起的,这些轻易被忽略的细节很容易成为小事故的放大器,使得星星之火由此而燎原。

(1)电路防火检查:①电路是否由专业人员安装,是否被改装(注意私拉电线和空气开关);②电路是否过载;③勤检查电路、插头是否过热、漏电,线路是否老化、破损,插头是否松动等。初步判定电路、电插头过载情况可用手接触电路、电插头感觉它是否烫手。当然,首先要用验电笔测试它们是否漏电。

(2)照明电器防火检查:①照明电器要与可燃物保持距离;②较大功率灯具底不放可燃物;③整流器不能安装在木板等可燃物上。

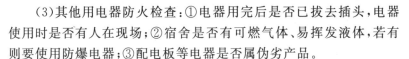

（3）其他用电器防火检查：①电器用完后是否已拔去插头，电器使用时是否有人在现场；②宿舍是否有可燃气体、易挥发液体，若有则要使用防爆电器；③配电板等电器是否属伪劣产品。

（4）若是住在学校宿舍，应作好以下火灾隐患检查：①宿舍是否有煤炉、煤油炉、液化石油气灶具、酒精炉等做饭用品；②宿舍有无乱扔的烟头，是否有躺在床上吸烟的现象；③是否有躺在床上点蜡烛看书的现象；④宿舍是否有易燃易爆物品，是否有"热得快"等违规电器；⑤自动消防设施是否正常。

3.安全疏散通道检查

（1）走廊是否通畅，有无堆放杂物。走廊堆杂物会加速火灾蔓延且影响紧急疏散。

（2）各种消防通道门是否处于可开状态。如某高校的一栋大楼内，通向楼顶的消防通道铁门紧锁，这种现象是非常危险的，一旦发生火情，将严重妨碍人们逃生。

避免走廊不通畅

消防通道应打开

消防标志记心间

会用灭火器

（3）消防通道是生命之门,在火灾发生的时候,消防门外是"人间",消防门内就是"地狱"了。所以每次进入公共场所要注意观察消防标志,记住疏散方向。

4.灭火器的检查

（1）检查灭火器材的压力和配置。当压力表指针指向红色部分时,说明瓶内压力不够,灭火器不能正常使用;指向黄色部分时说明压力过大,容易发生危险;指向绿色部分时说明灭火器正常。

（2）干粉灭火器,不需要每年换粉,按消防局的规定只需要每年年检一次。

（3）灭火器每周要检查一次。需检查内容:喷射通道有无遮挡物,气压是否正常,外观有无伤痕和腐蚀情况,是否开启过,是否到水压检测年限,是否到报废年限。

你来思考

为预防火灾,我们需要做哪些准备工作呢？你都准备好了吗？

小贴士

火灾征兆,你能识别吗

（1）即使是很小的火,燃烧物发出的味道也能传到较远的地方,尤其是常见的塑料、泡沫、海绵等化工制品。特大火灾案例中都有人闻到烧焦的味道,但往往没有人觉察到火灾的发生。因此,突然闻到烧焦东西的煳味,应引起警觉,这种煳味往往是塑料、海绵等化工制品燃烧的味道,相当刺鼻难闻,毒性很大。

（2）有人喊"起火啦"时,不要以为是恶作剧,开玩笑。"狼来啦"的故事很多人从小就听过,这个可悲的故事在今天仍不断地重演。每个人都以为自己听到"起火啦"就会马上逃生,事实却常常不是如此。多数人都不愿相信是真的起火了,直到明火出现在面前,才知道真的发生了火灾,但一切都太晚了。

(3)火灾发生时,烟气会向远处蔓延,烟是最明显的火灾征兆。看见烟意味着情况可能非常危险,但并不是所有人见到烟都能联想起火灾,而是大惑不解:哪来的这么多烟? 由于没有作出及时的判断,最终延误了逃生时机。

火灾发生时,闻到烧焦东西的煳味是最为常见的征兆,如果还发生停电,听到玻璃破碎声,有人叫"起火啦"等两三种征兆一起出现,这时肯定已经发生了火灾,应赶紧逃生。如果我们不懂得及时觉察到危险,就可能导致被火魔吞噬的后果。

四、在浓烟烈火中重生——发生火灾时怎么办

走进现场

47

"叮咚叮咚……"一阵急促的报警声把正在上课的梁明吓了一大跳,同学们都骚动起来。"怎么了? 出什么事了?"梁明心里不踏实地嘀咕着。"快看,隔壁阅览室起火了!"一声惊呼,大家齐刷刷地望向教学楼的左前方。"同学们,赶快排好队离开教室!"班主任气喘吁吁

地站在讲台上指挥着大家。梁明这才醒悟过来:"起火了,快跑!"

在班主任老师的有序指导下,大家手捂嘴巴,弯腰低身依秩序快速地冲出门外。浓烟滚滚,烟火冲天,真正的火灾发生了!

互动讨论

当火灾来临,我们该如何做呢? 你怎样逃生?

知识加油站

火灾几乎是我们身边最普遍,也最可能遭遇的灾难。尽管我们做好了各种防范工作,但灾难仍然有可能降临。想象着迅速蔓延的大火就要冲过来……慌乱成一锅粥,脑子一片空白,"怎么办? 怎么逃?"面对灾难,我们需要赶走现场的焦虑、恐慌情绪。下面就和大家一起来聊聊火灾发生时我们应该采取什么样的自救措施,应该如何保障自己的生命财产安全。

专家引路

1.争分夺秒扑灭初起火灾

火灾通常都有一个从小到大、逐步发展直到熄灭的过程,一般可分为初起、发展、猛烈、下降和熄灭五个阶段。一般固体可燃物燃烧时,在10~15分钟内,火源的面积不大,烟和气体对流的速度比较缓慢,火焰不高,燃烧放出的辐射热能较低,火势向周围发展蔓延的速度比较慢。可燃液体以及可燃气体燃烧速度很快,火灾的阶段性不太明显。因此,火灾处于初起阶段,尤其是固体物质火灾的初起阶段,是扑救的最好时机。只要发现及时,用很少的人力和灭火器材就能将其扑灭,将悲剧扼杀在萌芽状态。

2.及早报火警

经验告诉我们,在起火后的十几分钟内,是灭火的关键时刻。在把握住灭火关键时刻的同时应向 119 火警中心报警,以便调来足够的力量,及早地控制和扑灭火灾。不管火势大小,都应及时报警。

3.随机应变——各种火灾,各种应对

(1)当"安乐窝"变得不平静——家庭火灾的自救

在家中,如果炒菜时油锅中的油不慎着火,应迅速盖上锅盖灭火。如没有锅盖,可将切好的蔬菜倒入锅内灭火。切忌用水浇,以防燃着的油溅出来,引燃厨房中的其他可燃物。电器起火时,先切断电源,再用湿棉被或湿衣服将火压灭。电视机起火,灭火时要特别注意从侧面靠近电视机,以防显像管爆炸伤人。逃生时不要留恋室内财物,如已脱离火场,千万不要为财物而返回室内。要尽量放低身体,最好沿墙角蹲式前进,并用湿毛巾或湿手帕等捂住口鼻,背向烟火方向迅速离开,这样才能减少烟气吸入量,以免中毒倒下。

油锅起火迅速盖上锅盖

火灾来临,生命为先

(2)当热闹变得炙热——人员密集地火灾的自救

酒店、影剧院、超市、大型娱乐场所等人员密集场所一旦发生火灾,常因人员慌乱、拥挤而阻塞通道,发生互相踩踏的惨剧,或由于逃生的方法不当,造成人员伤亡。逃生自救方法:①要保持头脑清醒,千万不要惊慌失措、盲目乱跑;②火势蔓延时,应用湿毛巾或湿衣服遮掩口鼻,放低身体姿势,浅呼吸,快速、有序地向安全出口撤离;③尽量避免大声呼喊,防止有毒烟雾吸入呼吸道;④离开房间后,应关紧房门,将火焰和浓烟控制在一定的空间内;⑤利用建筑物阳台、室内布置和缓降器、救生袋、应急逃生绳等逃生,也可将被单、台布结

成牢固的绳索,牢系在窗栏上,顺绳滑至安全楼层;⑥逃生无路时,应靠近窗户或阳台,关紧迎火门窗,向外呼救;⑦千万不要乘电梯逃生。

放低身体捂住口鼻

利用身边物体结绳逃离

（3）教室失火的逃生与自救

教室失火别慌张,听从老师指挥是关键,疏散出去最安全。

逃生自救方法:①教室一旦失火,在火势尚小时,可立即用教室里配备的灭火器扑火自救,或用衣物将火扑灭;②火势发展,立即跑到室外,如教室里已充斥大量烟气,撤离时可用手绢、衣袖等捂住口鼻,并弯腰低姿势快行,防止烟气吸入;③一层教室失火,烟火封住教室门时,可从一楼窗口跳出去;二三层教室失火,烟火封住教室门时,可用窗帘、衣物等拧成长条,制成安全绳,一头拴在暖气管或桌椅腿

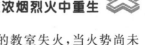

上,两手抓住安全绳,从窗口缓缓下滑;④别的教室失火,当火势尚未控制楼道时,应立即离开教室,迅速进入安全通道向外疏散;⑤烟火封住下撤楼道、大门时,可迅速撤往楼顶平台,等待救援;⑥身上着火时不要惊慌奔跑,可就地打滚,或用衣物压灭火焰。

(4)高楼失火的逃生与自救

高楼失火陷困境,冷静沉着来应对,总有逃生脱险路。

逃生自救方法:①火势较小时,应灭火自救,立即用灭火器、水、沙子、湿衣被灭火,火势较大无法扑灭时,应立即逃生;②立即拨打119火警电话,向外发出求救信号,逃生要迅速,但绝不要乘坐电梯;③切勿盲目跳楼,危险极大;④先触门把,正确做法是关闭房门和窗户,用湿毛巾湿衣物堵塞门缝,泼水降温,等待救援;⑤沿着安全通道,沿着指示标志撤离;⑥观察大火位置,火如果在上层和同层要向楼下逃生,火如果在下层,烟火蔓延封锁住往下逃生的通道,应向楼顶平台逃生,用楼顶水箱的水把衣服浸湿,防止火灼烟熏;⑦如楼道被烟火封死,应立即关闭房门和室内通风孔,防止进烟,随后用湿毛巾堵住口鼻,防止吸入毒气,并将身上的衣服浇湿,以免引火烧身。

(5)发生山林火灾的自救和助救

逃生自救方法:①发现或发生森林火灾时,应该及时拨打119火警报警调度中心电话,拨通后要准确报告起火地点或具体方位、火场的燃烧面积以及燃烧的植被种类;②如果被大火围困在半山腰时,要快速向山下跑,切记不能往山上跑;③当发现自己处在森林火场中央,要保持头脑清醒,选择火已经烧过或杂草稀疏、地势平坦的地段转移,如附近有水可把身上的衣服浸湿,穿越火线时用衣服蒙住头部,快速向逆风的方向冲越火线,切记不能顺风在火线前方逃跑;④陷入危险环境无法突围火圈时,应该选择植被少、火焰低的地区扒开浮土直到看见湿土,把脸放进小坑里面,用衣服包住头,双手放在身体正面,避开火头。

4.干粉灭火器的使用

在学校、工厂、商场等一些人员密集的场所都配备有灭火器,以备紧急火情时急救所用,以保证人员生命及财产安全。灭火器种类

51

很多,最常用的是灭火效果最好、灭火种类齐全的干粉灭火器。你了解干粉灭火器吗？会使用吗？

干粉灭火器利用二氧化碳或氮气作动力,将干粉从喷嘴内喷出,形成一股雾状粉流,射向燃烧物质灭火。普通干粉又称 BC 干粉,用于扑救液体和气体火灾,对固体火灾则不适用。多用干粉又称 ABC 干粉,可用于扑救 A、B、C 类火灾。其使用方法如下:①右手握着压把,左手托着灭火器底部,轻轻地取下灭火器;②右手提着灭火器到现场;③除掉灭火器铅封;④拔掉保险销;⑤左手握着喷管,右手提着压把;⑥在距离烟火两米的地方,右手用力压下压把,左手拿着喷管左右摆动,喷射干粉覆盖整个燃烧区。

高楼发生火灾时能不能乘坐电梯呢？你知道火警电话是多少吗？你会使用灭火器了吗？

火场逃生误区

错误一:惊惶失措

发生火灾后,惊惶失措,在浓烟弥漫中到处乱窜,不顾一切只身硬闯火海。

错误二:盲目向光亮处逃生

在紧急危险的情况下,人们总是向着有光、明亮的方向逃生。而在火场中,光亮之地正是火魔肆无忌惮的逞威之处。

错误三:盲目跟着别人逃生

当人的生命突然面临危险状态时,极易因惊慌失措而失去正常的判断能力,第一反应就是盲目跟着别人逃生。常见的盲目追随行为有跳窗、跳楼,逃(躲)进厕所、浴室、门角等。在这些小空间中,烟气极易弥漫。

错误四:强行从楼梯逃生

有些人错误认为只要冲过烟雾区就能逃生,因为楼梯在那里。殊不知,向烟雾区冲可能自投火海。要想想别处还应该有楼梯,那个楼梯不一定被烟火封住。火灾初期阶段,通常不会两个出口都被烟火封住。

错误五:贪恋钱财

不能看到烟雾不浓,认为没问题而去收拾钱物,否则会贻误脱险时机,因为不浓的烟雾同样含有毒气。若已逃离火场,千万不要贪恋钱财重返火场。

第三篇
在洪水猛兽中求生

——面对洪水灾害的紧急避险自救

　　水是自然资源的重要组成部分，是所有生物的组成部分和生命活动的主要物质基础。在地球上，水是连接所有生态系统的纽带，自然生态系统既能控制水的流动，又能不断促使水的净化和反复循环。因此，水在自然环境中，对于生物和人类的生存来说具有决定性的意义。但当其发"脾气"时将变成我们的灾害。水灾泛指洪水泛滥、暴雨积水和土壤水分过多对人类社会造成的灾害。一般所指的水灾，以洪涝灾害为主。水灾威胁人类的生命安全，造成巨大财产损失，并对社会经济发展产生深远的不良影响。防治水灾虽已成世界各国保证社会安定和经济发展的重要公共安全保障事业，但根除是困难的，水灾至今仍是一种影响极大的自然灾害。

一、水珠聚集闹事——洪水

小小水珠聚集变身洪水成灾害

1998 年,我国的长江流域发生了一次特大洪水灾害。洪水一泻千里,几乎全流域泛滥,具有洪水大、影响范围广、持续时间长、洪涝灾害严重等特点。在党和政府的领导及人民大众的合力配合之下,中国人民奋力抗洪,降低了洪水灾害造成的损失。但这次特大灾害还是造成了巨大的损失。据统计,全国共有 29 个省(自治区、直辖市)遭受了不同程度的洪涝灾害:约有数亿亩农田受灾,数千人在洪水中死亡,数百万的房屋被洪水冲塌,全国的直接经济损失达千亿;江西、湖南、湖北、黑龙江、内蒙古、吉林等省(区)受灾最重。

58

互动讨论

（1）为何温顺水珠变波涛翻滚的洪水？

（2）洪水会对人类、工农业造成哪些危害呢？

专家引路

我们最伟大的母亲河——黄河，中国最长的河流——长江，它们美丽壮观，在受自然因素及人类的一些破坏活动影响后，就会变成波涛翻滚的洪水，使人类生活顿时危机四伏。我们来认识一下一向美丽平静、微波粼粼的它们，为何有时候会变得如此"暴躁"呢？

洪水通常是指由暴雨、急骤融冰化雪、风暴潮等自然因素引起的江河湖海水量迅速增加或水位迅猛上涨的水流现象，属于一种自然灾害。洪水主要是由于江、河、湖、库水位猛涨，堤坝漫溢或溃决，使客水（本地区以外的来水）入境而造成的灾害。洪灾除对农业造成重

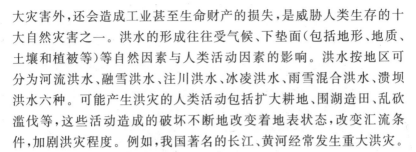

大灾害外,还会造成工业甚至生命财产的损失,是威胁人类生存的十大自然灾害之一。洪水的形成往往受气候、下垫面(包括地形、地质、土壤和植被等)等自然因素与人类活动因素的影响。洪水按地区可分为河流洪水、融雪洪水、泣川洪水、冰凌洪水、雨雪混合洪水、溃坝洪水六种。可能产生洪灾的人类活动包括扩大耕地、围湖造田、乱砍滥伐等,这些活动造成的破坏不断地改变着地表状态,改变汇流条件,加剧洪灾程度。例如,我国著名的长江、黄河经常发生重大洪灾。

 小贴士

洪水灾害是我国发生频率高、危害范围广、对国民经济影响最为严重的自然灾害之一。据统计,20 世纪 90 年代,我国洪灾造成的直接经济损失约 12000 亿元人民币,仅 1998 年就高达约 2600 亿元人民币。水灾损失占国民生产总值(GNP)的比例在 1%～4%之间,为美国、日本等发达国家的 10～20 倍。

二、大禹治水,未雨绸缪,防患于未然

 走进现场

在我国远古时代,相传四五千年前,发生了一次特大洪水灾害。为了解除水患,大禹率领人民群众开始洪灾抢险,疏通河道。大禹除了指挥外,还亲自参加劳动,为群众作出了榜样。他不辞辛劳,废寝忘食,夜以继日。在治理洪水中,大禹曾 3 次路过自己家门口而不入。在他的领导下,人们经过 13 年的艰苦劳动,终于疏通了 9 条大河,使洪水沿着新开的河道服服帖帖地流入大海。在治水的同时,大禹和治水的大军还大力帮助老百姓重建家园、修整土地、恢复生产,使大家过上了安居乐业的生活,成就了流芳千古的伟大业绩。

互动讨论

（1）洪水来临前，我们该作好哪些准备呢？

（2）如何才能做到未雨绸缪，防患于未然呢？

（3）洪水泛滥，如何全身而退，如何重建家园呢？

专家引路

大禹治水的故事告诉我们要在洪水发生后临危不乱、积极抢险。清代朱用纯《治家格言》："宜未雨而绸缪，毋临渴而掘井"。多少古人的经验告诉我们防患于未然才是根本。在洪水来临之前，作好充足的准备，可最大化地减小洪水带给我们的伤害。下面是一些防患于未然的小提示。

（1）根据电视、广播、网络等媒体提供的洪水信息，结合自己所处的位置和条件，冷静地选择最佳路线撤离，避免出现"人未走水先到"的被动局面。

（2）认清路标，明确撤离的路线和目的地，避免因为惊慌而走错路。

（3）自保措施：备足速食食品或蒸煮够食用几天的食品，准备足够的饮用水和日用品。扎制木排、竹排，搜集木盆、木材、大件泡沫塑料等适合漂浮的材料，加工成救生装置以备急需。将不便携带的贵重物品作防水捆扎后埋入地下或放到高处，票款、首饰等小件贵重物品可缝在衣服内随身携带。家里要关掉煤气阀和电源总开关，以防电线浸水而漏电失火伤人。时间允许的话，赶紧收拾家中贵重物品放在楼上；若时间紧急，可把贵重物品放在较高处如桌子、柜子或架子上，以免被水浸入。

（4）保存好尚能使用的通讯设备，保持与外界的联系。

（5）青少年应该协助父母、老师作好防护准备，当洪水来临的时候，一定要听从大人的安排，千万不可随意下水游动。无论你遇到何种情形都不要慌，要学会发出求救信号，如晃动衣服或树枝，大声呼救、吹口哨等。

三、生命之源变身邪恶力量

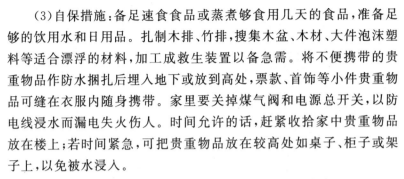

61

水本是生命之源，在受自然因素及人类活动影响后，变身"邪恶"力量，危害我们的生活甚至生命安全。洪水所致的灾害不可小觑。例如，1998 年发生的特大洪水灾害，导致全国受灾面积 2 千亿平方米，受灾人口 2 亿多人，直接经济损失近 2 千亿元人民币。俗话说："降水丰亏由天，调水理水由人。"我们如何化身为小鱼儿，与"邪恶"力量作斗争，化险为夷呢？

走进现场

雪儿的家在南方，她从小生长在江边。记得有一年，连续下了好几天的大雨，各种媒体不停地播报雨水的情况。雪儿的心情也跟着这些新闻上下起伏。因为，她的家就在江边，每次涨洪水，家里必定会受到灾害。雪儿常常坐在江边，望着奔流不息的江水发呆："温柔的江水啊，我们该如何应对你'发脾气'的时候呢？"

互动讨论

洪水对于住在江边的雪儿来说,并不陌生。我国幅员辽阔,几乎每年都有一些地方发生或大或小的水灾。严重的水灾通常发生在河谷、沿海地区及低洼地带。暴雨时节,这些地方的人们就必须格外小心,以防洪水泛滥。那么,听到水灾的警报或遇到水灾后,我们应该做些什么呢?

专家引路

(1)洪水到来时,来不及转移的人员要就近迅速向山坡、高地、楼房、避洪台等地转移,或者立即爬上屋顶、楼房高层、大树、高墙等高的地方暂避。

(2)如洪水继续上涨,暂避的地方已难自保,则要充分利用准备好的救生器材逃生,或者迅速找一些门板、桌椅、木床、大块的泡沫塑料等能漂浮的材料扎成筏逃生。

(3)如果已被洪水包围,要设法尽快与当地政府防汛部门取得联系,报告自己的方位和险情,积极寻求救援。千万不要游泳逃生,不可攀爬带电的电线杆、铁塔,也不要爬到泥坯房的屋顶上去。

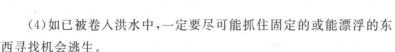

（4）如已被卷入洪水中，一定要尽可能抓住固定的或能漂浮的东西寻找机会逃生。

（5）发现高压线铁塔倾斜或者电线断头下垂时，一定要迅速远避，防止直接触电或因地面"跨步电压"触电。

（6）洪水过后，要配合卫生部门做好各项卫生防疫工作，预防疫病的流行。

（7）听从家长或学校的组织与安排，进行必要的防洪准备；或是撤退到相对安全的地方，如防洪大坝上或是当地地势较高的地区。

（8）来不及撤退者，尽量利用一些不怕洪水冲走的材料，如沙袋、石堆等堵住房屋门槛的缝隙以减少水的漫入，或是躲到屋顶避水。房屋不够坚固的，要自制木（竹）筏逃生，或是攀上大树避难。离开房屋前，尽量带上一些食品和衣物。

（9）被水冲走或落入水中者，首先要保持镇定，尽量抓住水中漂流的木板、箱子、衣柜等物。如果离岸较远，周围又没有其他人或船只，就不要盲目游动，以免体力消耗殆尽。

63

四、小小水珠聚集力量威胁生命
——如何才能全身而退

走进现场

长江是中国的第一大河。1998年我国长江地区发生了特大洪涝灾害。在人口急剧增长的情况下，土地资源过度利用和不合理开发；在山区，毁坏森林、陡坡开荒；在平原，盲目围湖造田，占用行洪洲滩。这些都招致自然界的报复。在长江流域，山区水土流失对当地的危害比黄河更大。这是因为长江流域为岩石山区，表土层很薄，经过一定时期的冲刷，表土冲光、岩石裸露，形成"石化"，使当地人民完全失去生存条件。贵州省已有不少"石化"山区，令人触目惊心。

64

 互动讨论

　　洪水灾害威胁着我们的生命。我们却无节制地开荒毁林使我们的自然环境遭受更大的破坏。当洪水来临时，我们就会面临各种次生灾害的威胁。那么，我们该如何保护环境，降低灾害的发生率，并在洪水来临之时全身而退呢？

洪水形成的原因

(1)生态破坏严重,尤其是长江上游森林生态系统遭受长期持续的严重破坏,导致大自然的报复。集中表现为在人口急剧增长的情况下,土地资源过度利用和不合理的开发,滥伐森林,使一些河流断流,泉源枯竭,雨季又造成洪水泛滥。

(2)盲目围湖造田,其结果是湖泊面积大幅度缩减。其中盲目围湖造田和占用行洪洲滩是洪水水位增高的主要原因。

(3)不合理的水利建设对江河产生的负面生态效应不容忽视。大量水利工程破坏了湖泊的自然生态功能,有可能加剧水灾的危害。

要想从根本上解决问题,我们青少年朋友们必须保护生态,如多参加植树节植树造林、爱护环境卫生等。身为地球人,祖国未来的花朵,我们应该从小事做起、从身边做起。正如王力宏的歌中所唱的:"改变自己才能改变世界"。只有大家爱护花草树木、爱护环境、爱护我们的家园,才能真正做到爱护我们自己。

如何应对洪水灾害

1. 充分准备以应对洪水

水灾的发生都是灾害能量积累到一定程度的结果,因此在洪水到来前,我们应利用这段有限的时间尽可能充分地做好准备。有条件者可修筑或加高围堤;无条件者选择登高避难之所,如基础牢固的屋顶,在大树上筑棚、搭建临时避难台。蒸煮可供几天食用的食品,宰杀家畜制成熟食;将衣被等御寒物放至高处保存;扎制木排,并搜集木盆、木块等漂浮材料加工为救生设备以备急需;将不便携带的贵重物品作防水捆扎后埋入地下或置放高处,票款、首饰等物品可缝在衣物中;准备好医药、取火等物品;保存好各种尚能使用的通讯设施。

2. 安全的避难所

避灾专家们认为,避难场所的选择不容忽视。避难所一般应选择在距家最近、地势较高、交通较为方便处,应有上下水设施,卫生条件较好,与外界可保持良好的通讯、交通联系。在城市中避难所大多是高层建筑的平坦楼顶,地势较高或有牢固楼房的学校、医院,以及地势高、条件较好的公园等。

农村的避难场所大体有两类:一是大堤上,但那里卫生条件差,缺少上下水设施,人们只是将洪水沉淀一下,洒些漂白粉直接饮用,加之人畜吃喝、排泄都在这里,生活垃圾堆积,时间一长,极易染上疾病。二是村对村、户对户,邻近村与受灾村结成长期的"对手村"关系。

3. 洪水将至,如何逃生

处于水深在 0.7~2 米的淹没区内,或洪水流速较大难以在其中生活的居民,应及时采取避难措施。因避难主要是大规模、有组织的避难,所以要注意以下几点。

一要通过官方渠道了解避难路线,弄清洪水先淹何处、后淹何处以选择最佳路线,避免造成"人到洪水到"的被动局面。

二要认清路标。在那些洪水多发的地区,政府修筑有避难道路。在那些避难道路上,设有指示前进方向的路标,如果未很好地识别路标,盲目地走错路,再往回折返,便会与其他人群产生碰撞、拥挤,产生不必要的混乱。

三要保持镇定的情绪。掌握"灾害心理学"实际上也是一种学问。专家介绍,在一个拥有 150 万人口的滞洪区,当地曾做过一次避难演习,仅仅是一个演习,竟因为人多混乱挤塌了桥,发生死伤事故。在洪灾中,由于自身的苦痛、家庭的巨大损失,已经是人心惶惶,如果再受到流言蜚语的蛊惑、避难队伍中突然发出的喊叫、警车和救护车警笛的乱鸣这些外来因素的干扰,极易产生不必要的惊恐和混乱。

4.身陷危险,现场急救

洪水袭来,不幸溺水,溺水者首先应保持镇静,可减少水草缠绕,节省体力,千万不要手脚乱蹬拼命挣扎。正确的自救做法是落水后立即屏住呼吸,然后放松肢体,尽可能地保持仰位,使头部后仰。只要不胡乱挣扎,人体在水中就不会失去平衡。这样你的口鼻将最先浮出水面可以进行呼吸和呼救。呼吸时尽量用嘴吸气、用鼻呼气,以防呛水。经过长时间游泳自觉体力不支时,可改为仰泳,用手足轻轻划水即可使口鼻轻松浮于水面之上。

5.现场急救

(1)不会游泳者的自救

①落水后不要心慌意乱,一定要保持头脑清醒。

②冷静地采取头顶向后,口向上方的姿势,将口鼻露出水面,此时就能进行呼吸。

③呼吸要浅,吸气宜深,尽可能使身体浮于水面,以等待他人抢救。

④切记:千万不能将手上举或拼命挣扎,因为这样反而容易使人下沉。

(2)会游泳者的自救

①一般是因小腿腓肠肌痉挛而致溺水,应心平气静,及时呼人援救。

②自己将身体抱成一团,浮上水面。

③深吸一口气,把脸浸入水中,将痉挛(抽筋)下肢的拇指用力向前上方拉,使拇指跷起来,持续用力,直到剧痛消失,抽筋自然也就停止。

④一次发作之后,同一部位可能再次抽筋,所以要充分按摩疼痛处和慢慢向岸上游去,上岸后最好再按摩和热敷患处。

⑤如果手腕肌肉抽筋,自己可将手指上下屈伸,并采取仰面位,以两足游泳。

(3)第一目击者现场急救

①第一目击者在发现溺水者后应立即拨打120或附近医院急诊

电话请求医疗急救。

②迅速将溺水者救上岸。救护者注意事项：a. 救护者应镇静，尽可能脱去衣裤，尤其要脱去鞋靴，迅速游到溺水者附近。b. 对筋疲力尽的溺水者，救护者可从头部接近。c. 对神志清醒的溺水者，救护者应从背后接近，用一只手从背后抱住溺水者的头颈，另一只手抓住溺水者的手臂游向岸边。d. 如救护者游泳技术不熟练，则最好携带救生圈、木板或用小船进行救护，或投下绳索、竹竿等，使溺水者握住再拖带上岸。e. 救援时要注意，防止被溺水者紧抱缠身而双双发生危险。如被抱住，不要相互拖拉，应放手自沉，使溺水者手松开，再进行救护。

③立即清除溺水者口鼻淤泥、杂草、呕吐物等，并打开气道，给予吸氧。

④进行控水处理（倒水），即迅速将患者放在救护者屈膝的大腿上，头部向下，随即按压背部，迫使吸入呼吸道和胃内的水流出，时间不宜过长（1分钟即够）。

⑤现场进行心肺复苏，并尽快搬上急救车，迅速向附近医院转送。作为救护者一定要记住：对所有溺水休克者，不管情况如何，都必须从发现开始持续进行心肺复苏抢救。

 我来体验

当我们遭遇洪水不幸溺水，或遇见别人溺水时，应该怎么做呢？我们一起来回忆下吧。

1. 自救

落水后要镇静不慌。举手挣扎时，会使人下沉。应仰卧，头向后，口鼻向上露出水面。呼气要浅，吸气要深，这样可尽量浮起，等人来救。腿抽筋尽快呼救，并仰泳浮上水面，好转后，应速上岸。

2. 援救

急救者应游到溺水者后方，用左手从其左臂腋下穿过，于上半身中间握对方的右手，或拖住溺水者的头，用仰泳方式将其拖到岸边。急救者防溺水者抱住不放，影响急救。万一被抱住，急救者应松手下沉，先与溺者脱离，然后再救。或向后推溺水者的脸，紧捏其鼻，使其松手，接着再救。急救者不会游泳时应立即用绳索、竹竿、木板或救生圈，使溺水者握住后拖上岸来。现场无任何救生材料，应即时高声呼叫他人，具体措施如下。

(1)在抢救落水人时，第一个抢救动作是迅速将患者的头部拉出水面；从水内向岸边或船上拖带时，只要有可能，应向落水者口鼻内大口吹气，以促使其自动呼吸的恢复。

(2)将落水人拖带上岸(船)后，应立即清除其口、鼻内的泥沙、呕吐物等。松解衣领、纽扣、乳罩、内衣、腰带、背带等，注意保暖，必要时将舌头用手巾、纱布包裹拉出，保持呼吸道通畅。然后，将他平放俯卧，使之两腿伸直，两臂前屈，头向一侧；腹部垫高，做人工呼吸或口对口大力吹气。具体方法：①溺水者俯卧，抢救者跪于其头前，面向患者下身，双手平放患者背部，两拇指紧贴患者胸椎旁线，其余四指微并，腕与肩关节呈垂直角度，按人工呼吸法作压挤背部动作，每分钟14～16次，直至患者恢复正常呼吸为止。②如前，抢救者仍取跪式，面向患者下身，双手握紧患者双肘关节处用力向外上提肘，每提一次，患者胸廓阔大(吸气)一次，再将患者双肘下落一次，患者胸廓缩小(呼气)一次。如此反复，直到患者恢复自动呼吸和心跳为止。此法单人抢救很累，必要时可多人轮番进行，每分钟不少于16次。

(3)如果落水者肺、胃内的水，在平躺或俯卧时难以倒出时，抢救方法如下：①由抢救者将患者双腿朝天托起，将其肩部、头部与双上肢下垂，就会很快将患者肺、胃内的存水倒净。②由抢救者将患者拖起，右手提起其腰，左手扶住其头，并将其腹部置于抢救者的右膝上，使其头与双上肢下垂,使患者胃、肺内存水顺势而出。此法用之得当,并可兼起胸外心脏按压的作用。此法需要每分钟将患者在抢救者膝上起落 14~16 次,直至患者呼吸、心跳恢复为止。

倒出胃部、肺部积水

(4)采用以上几种方法抢救落水者的同时,应始终注意患者的保暖。冷天应利用一切可以保暖的物品,使患者免受风寒,以减少患者在救活后发生并发症。

(5)对一切落水者,均应在抢救的同时,迅速与附近医疗单位联系,除呼请医师速来救治外,应尽快将患者送医院继续治疗。

 小贴士

(1)人落水后,水、泥沙等会阻塞呼吸道,或因呼吸道痉挛而引起缺氧、窒息、死亡。落水被淹后一般 4~6 分钟即可致死。轻者,落水时间短,口唇四肢末端易青紫,面肿,四肢发硬,呼吸浅表。吸入水量 2mL/kg 时出现轻度缺氧现象。重者,如吸水量在 10mL/kg 以上者,1 分钟内即出现低氧血症。落水时间长,面色青紫,口鼻腔充满血性泡沫或泥沙,四肢冰冷,昏睡不醒,瞳孔散大,呼吸停止。

(2)当洪水来临的时候,青少年一定要听从大人的安排,千万不可随意下水游动。无论你遇到何种情形都不要慌,要学会发出求救信号,如晃动衣服或树枝,大声呼救等。

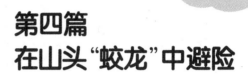

第四篇
在山头"蛟龙"中避险
——面对泥石流的紧急避险自救

水乃生命之源，情感之颠。看，泉眼无声，清澈妩媚，款款柔情；瞧，飞流直下，一泻千里，煞是壮观。它有韧性，抽刀断水水更流；它能坚持，水滴石穿；它能包容，海纳百川。它是泥、尘、沙、石的玩伴；它们总爱聚众闹事，于是有个"灰涩"的名字——"泥石流"。它们就是魔鬼"天使"，无情地夺走了鲜活的生命，时刻威胁着安全。可惜啊，这个"天使"灰涩得不再可爱，已不再是"正义之师"。让我们一起，揭开泥石流的神秘面纱吧！

一、都是"天使"惹的祸——泥石流来啦

走进现场

2010年8月7日晚至8日凌晨，舟曲县城东北部山区突降特大暴雨，引发三眼峪、罗家峪等四条沟系特大山洪地质灾害，在水、泥、沙、石等杂物的混合下，形成了长5千米，宽500米，总面积约250万平方米的泥石流，流经区域被夷为平地，大部分群众和牲畜还没来得及逃生就被泥石流无情地淹没，无数鲜活的生命就在这一瞬间逝去……

在泥石流中遇难的小女孩，悲痛的父亲正在为她整理散乱的头发

泥石流后，哥哥抱着弟弟在废墟里寻找亲人

73

互动讨论

(1)什么叫泥石流？

(2)泥石流是怎样产生的呢？

(3)泥石流能产生哪些危害？

(4)我们如何防灾自救呢？

知识加油站

据统计,我国有 29 个省(区)、771 个县(市)正遭受泥石流的危害,平均每年泥石流灾害发生的频率为 18 次/县,每年因泥石流直接造成的死亡人数达数千余人。

据不完全统计,新中国成立后的 50 多年中(截止 2000 年),我国县级以上城镇因泥石流而致死的人数已约 4400 人,并威胁着上万亿财产,由此可见泥石流对山区城镇的危害之重。目前,我国已查明受泥石流危害或威胁的县级以上城镇有 138 个,主要分布在甘肃(45 个)、四川(34 个)、云南(23 个)和西藏(13 个)等西部省区,受泥石流危害或威胁的乡镇级城镇数量更大。

专家引路

泥石流属于地质灾害,它发生突然,规律性不强,规模可大可小,一旦发生,生命财产将损失严重。因此,我们很有必要认识、研究、预防泥石流,以免给我们的生命财产造成不可挽回的损失。

小贴士

在 2010 年 8 月 7 日舟曲特大泥石流发生的第一时间,科学家们搜集了相关数据并建立了相关评估模型,采用比例系数法估算潜在的经济损失。

评估结果表明:此次灾害共造成经济损失达 16.57 亿元,其间接经济损失达 2.42 亿元,直接经济损失高达 14.15 亿元。

到目前为止,比例系数法仍是一种快速有效地评估间接经济损失的办法。

二、掀起你的盖头来——泥石流大揭秘

2012 年 8 月 30 日凌晨,四川锦屏水电站施工区内外遭受暴雨泥石流灾害,道路、隧洞、桥梁受到严重破坏,交通、通讯、电力全部中断。

75

泥石流暴发后,部分房屋几乎全被掩埋

泥石流暴发后,强大的机械设备也没能抵抗住灾难

76

互动讨论

(1)什么是泥石流?

(2)泥石流是如何产生的呢?

(3)我国泥石流分布有什么特点?

知识加油站

1.什么是泥石流?

泥石流(英文名:Mud-rock Flows)是一种自然灾害,是山区特有的一种介于流水与滑坡之间的自然地质现象。山区或沟谷深壑的地形险峻的地区中的松散碎屑物质被暴雨或积雪、冰川消融水所饱和,在重力作用下,这种特殊的高浓度的固体和液体的混合颗粒流沿斜坡或沟谷流动。它的运动过程介于山崩、滑坡和洪水之间。

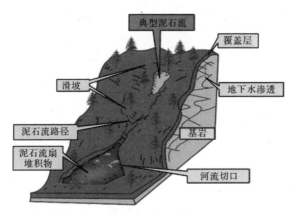

典型泥石流示意图

2.泥石流的形成条件

(1)地形地貌条件

在地形上,泥石流的形成条件为山高沟深,地形陡峻,沟床纵度较大,流域形状便于水流汇集。在地貌上,泥石流一般可分为形成区、流通区和堆积区三部分。上游形成区的地形多为三面环山,一面出口为瓢状或漏斗状,地形比较开阔、周围山高坡陡、山体破碎、植被生长不良,这样的地形有利于水和碎屑物质的集中;中游流通区的地形多为狭窄陡深的峡谷,谷床纵坡较大,使泥石流能迅猛直下;下游堆积区的地形为开阔平坦的山前平原或河谷阶地,使堆积物有堆积场所。

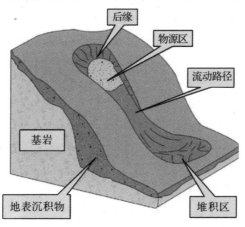

（2）松散物质来源条件

泥石流常发生于地质构造复杂、断裂褶皱发育、新构造活动强烈、地震烈度较高的地区。地表岩石破碎，崩塌、错落、滑坡等不良地质现象发育，为泥石流的形成提供了丰富的固体物质来源；岩层结构松散、软弱、易于风化、节理发育或软硬相间成层的地区，因易受破坏，也能为泥石流提供丰富的碎屑物来源；另外，一些人类工程活动，如滥伐森林造成水土流失、开山采矿、采石弃渣等，往往也为泥石流提供大量的物质来源。

（3）水文气象条件

水是泥石流的重要组成部分，又是搬运介质的基本动力。泥石流的形成与短时间内突然的大量流水密切相关。如强度较大的暴雨，冰川、积雪的强烈消融，冲川湖、高山湖、水库等的突然溃决。

（4）其他条件

泥石流的发生与人类活动密切相关，特别是人们对山区的开发，对自然资源的开采诱发的人为泥石流。如人为滥伐山林，造成山坡水土流失；开山采矿、采石弃渣堆积等；开挖隧道时破坏地下的地质平衡条件时等，也会形成泥石流。

3. 泥石流的分类

（1）按物质成分

①由大量黏性土和粒径不等的砂粒、石块组成的叫泥石流。

②以黏性土为主，含少量砂粒、石块，黏度大，呈稠泥状的叫泥流。

③由水和大小不等的砂粒、石块组成的称之水石流。

（2）按流域形态

①标准型泥石流：为典型的泥石流，流域呈扇形，面积较大，能明显地划分出形成区、流通区和堆积区。

②河谷型泥石流：流域呈狭长条形，其形成区多为河流上游的沟谷，固体物质来源较分散，沟谷中有时常年有水，故水源较丰富，流通区与堆积区往往不能明显分出。

③山坡型泥石流：流域呈斗状，其面积一般较小，无明显流通区，形成区与堆积区直接相连。

（3）按物质状态

①黏性泥石流：含大量黏性土的泥石流或泥流。特征：黏性大，固体物质占 40%～60%，最高达 80%。其中的水不是搬运介质，而是组成物质，稠度大，石块呈悬浮状态，暴发突然，持续时间亦短，破坏力大。

②稀性泥石流：以水为主要成分，黏性土含量少，固体物质占 10%～40%，有很大分散性。水为搬运介质，石块以滚动或跃移方式前进，具有强烈的下切作用。其堆积物在堆积区呈扇状散流，停积后似"石海"。

4. 泥石流的发生规律

（1）季节性

我国泥石流的暴发主要是在连续降雨、暴雨，尤其是在特大暴雨集中地区爆发。因此，泥石流发生的时间规律与集中降雨时间规律近乎一致，具有明显的季节性。一般发生在多雨的夏、秋季节。

（2）周期性

泥石流的发生受暴雨、洪水的影响，而暴雨、洪水总是周期性地出现。因此，泥石流的发生和发展也具有一定的周期性，且其活动周期与暴雨、洪水的活动周期大体一致。当暴雨、洪水两者的活动周期与季节性叠加，常常会形成泥石流活动的高潮。

5. 泥石流的诱因

（1）自然原因

岩石的风化是自然状态下既有的，在这个风化过程中，既有氧气、二氧化碳等物质对岩石的分解，又有因为降水时岩石吸收了空气中的酸性物质而产生的分解，也有地表植被分泌的物质对土壤下的岩石层的分解，还有就是霜冻对土壤形成的冻结和溶解造成的土壤的松动。这些原因都能造成土壤层的增厚和土壤层的松动。

（2）不合理开挖

修建铁路、公路、水渠以及其他工程建筑的不合理开挖。有些泥石流就是在修建公路、水渠、铁路以及其他建筑时，破坏了山坡表面而形成的。如云南省东川至昆明公路的老干沟，因修公路和水渠，使山体破坏,加之1966年犀牛山地震又形成崩塌、滑坡,致使泥石流更加严重。香港多年来修建了许多大型工程和地面建筑,几乎每个工程都要劈山填海或填方,才能获得合适的建筑场地。1972年一次暴雨,使正在施工的挖掘工程现场120人死于滑坡造成的泥石流。

(3)不合理堆放弃土、弃渣、采石

四川省冕宁县泸沽铁矿汉罗沟,因不合理堆放弃土、矿渣,1972年一场大雨暴发了矿山泥石流,冲出松散固体物质约10万立方米,淤埋成—昆铁路300米和喜(德)—西(昌)公路250米,中断行车,给交通运输带来严重损失。

(4)滥伐乱垦

滥伐乱垦会使植被消失、山坡失去保护、土体疏松、冲沟发育,大大加重水土流失,进而山坡的稳定性被破坏,崩塌、滑坡等不良地质现象发育,结果就很容易产生泥石流。如甘肃省白龙江中游现在是我国著名的泥石流多发区。而在一千多年前,那里竹树茂密、山清水秀,后因伐木烧炭、烧山开荒,森林被破坏,造成泥石流泛滥。甘川公路石坳子沟山上的大耳头原是森林区,因毁林开荒于1976年发生泥石流,毁坏了下游村庄、公路,造成人民生命财产的严重损失。当地群众说:"山上开亩荒,山下冲个光"。

(5)次生灾害

地震灾害过后,暴雨或山洪稀释大面积的山体后会引发泥石流。如:云南省东川地区在1966年进入了强震期,使东川泥石流的发展加剧。仅东川铁路在1970~1981年的11年中就发生泥石流灾害数百余次。

6.中国泥石流分布

根据泥石流形成的自然环境、泥石流类型与活动特点的差异,可将中国泥石流划为6个分布区。

(1)青藏高原边缘山区。

(2)横断山区和川滇山区。

(3)西北山区。

(4)黄土高原山区。

(5)华北和东北山区。

 专家引路

我国泥石流的水源主要是暴雨、长时间的连续降水等。在暴雨中心地带或冰雪融化季节,尤其持续小雨之后继之暴雨,最易触发泥石流。要形成泥石流,以下三个条件缺一不可。

(1)有陡峻便于集水、集物的地形。

(2)源区有丰富的松散物质、岩屑。

(3)短时间内有大量的流水来源。

 小贴士

世界泥石流分布

泥石流经常发生在峡谷地区和地震、火山多发区,在暴雨期具有群发性。它瞬间暴发,是山区最严重的自然灾害之一。

目前,世界泥石流多发地带为环太平洋褶皱带(山系)、阿尔卑斯—喜马拉雅褶皱带、欧亚大陆内部的一些褶皱山区。据统计,近50多个国家存在泥石流的潜在威胁,其中比较严重的有哥伦比亚、秘鲁、瑞士、中国、日本等。其中日本的泥石流沟有数万条之多,春夏两季经常暴发泥石流。

81

三、你就是"恶魔",罪行累累

 走进现场

2012年10月4日上午8时许,彝良龙海乡镇河村油房村民小组

发生山体滑坡。此次滑坡塌方量达 1 万立方米以上，并阻断小河形成

堰塞湖，油房小学（田头小学）教学楼全部被掩埋。18 名学生被埋在垮塌的教学楼内。谁也没有想到，18 个

可爱的生命，躲过了"9·07"的5.7级地震一劫，却在 10 月 4 日，在这个秋天的早晨，在这个给予他们知识、教他们做人的课堂里，被泥石流淹没了。

互动讨论

(1)泥石流的危害有哪些？

(2)泥石流的哪些罪行令人发指？

知识加油站

泥石流常有暴发突然、来势凶猛、迅速的特点，同时有崩塌、滑坡和洪水破坏的双重危害，其危害程度比单一的崩塌、滑坡和洪水的危害更为广泛和严重。它的危害主要表现在以下四个方面。

1.对居民点的危害

泥石流最常见的危害之一，是冲进乡村、城镇，摧毁房屋、工厂、

企事业单位及其他场所设施,淹没人畜、毁坏土地,甚至造成村毁人亡的灾难。如1969年8月云南省大盈江流域弄璋区南拱泥石流,使新章金、老章金两村被毁,97人丧生,经济损失近百万元。

2.对公路和铁路的危害

泥石流可直接埋没车站、铁路、公路,摧毁路基、桥涵等设施,致使交通中断,还可引起正在运行的火车、汽车颠覆,造成重大的人身伤亡事故。有时泥石流汇入河道,引起河道大幅度变迁,间接毁坏公路、铁路及其他构筑物,甚至迫使道路改线,造成巨大的经济损失。

甘川公路394千米处对岸的石门沟,1978年7月暴发泥石流,堵塞白龙江,公路因此被淹1千米,白龙江改道使长约2千米的路基变成了主河道,公路、护岸及渡槽全部被毁。该段线路自1962年以来,由于受对岸泥石流的影响已3次被迫改线。新中国成立以来,泥石流给我国铁路和公路造成了无法估计的巨大损失。

3.对水利水电工程的危害

泥石流对水利水电工程的危害主要是冲毁水电站、引水渠道及过沟建筑物,淤埋水电站尾水渠,并淤积水库、磨蚀坝面等。

4.对矿山的危害

泥石流对矿山的危害主要是摧毁矿山及其设施,淤埋矿山坑道、伤害矿山人员,造成停工停产,甚至使矿山报废。

专家引路

(1)泥石流是一种自然灾害,是各种自然因素和人为因素综合作用的结果。

(2)它具有突然性、流速快、流量大、破坏性强、能量大、危害大、爆发频繁、重复受灾等特点。

(3)泥石流破坏力极强,常会冲毁道路、桥梁、工厂、矿山等,造成生命财产的巨大损失。

四、泥石流来了，我们如何求生

走进现场

2010年8月7日22时许，甘肃省舟曲县发生强降雨引发泥石流灾害，泥石流堵塞白龙江，形成堰塞湖，并且江水漫堤，使舟曲县城部分被淹。截至2010年8月28日，舟曲泥石流死亡人数达到上千人。据报道，舟曲县内三分之二区域已被水淹没，供电全部中断，通信基站也受损严重，部分没有受损的基站靠蓄电池供电传输信号。舟曲县位于甘肃的南部，是我国泥石流频繁发生地区之一。据专家分析，这次甘肃舟曲发生特大地质灾害，从气象因素上来说有两方面，一是7号晚上到8号凌晨，这里及上游地区突发强降雨，另外就是6月以来这里少雨、气温偏高，持续的干旱使得土质变得疏松，然后在强降雨的冲刷下，非常容易引发泥石流灾害。

人们为了躲避泥石流，在地势安全的地方搭起了帐篷

互动讨论

(1)我们应该如何预防泥石流？

(2)泥石流来了,我们应该如何自救？

知识加油站

泥石流的预防

1.房屋不要建在沟口和沟道上

受自然条件限制,很多村庄建在山麓扇形地上。山麓扇形地在历史上是泥石流活动的见证,从长远的观点看,绝大多数沟谷都有发生泥石流的可能。因此,家住在乡村的青少年应提醒父母,房屋不能占据泄水沟道,也不宜离沟岸过近;已经占据沟道的房屋应迁移到安全地带,或在沟道两侧修筑防护堤和营造防护林,以避免或减轻因泥石流溢出沟槽而对房屋和亲人造成伤害。

2.不能把冲沟当做垃圾排放场

在冲沟中随意弃土、弃渣、堆放垃圾,将给泥石流的发生提供固体物源,会促进泥石流的活动。当弃土、弃渣量很大时,可能在沟谷中形成堆积坝,堆积坝溃决时必然发生泥石流。因此,在雨季到来之前,最好能主动清除沟道中的障碍物,保证沟道有良好的泄洪能力。

3.保护和改善山区生态环境

泥石流的产生和活动程度与生态环境质量有密切关系。一般来说,生态环境好的区域,泥石流发生的频度低、影响范围小;生态环境差的区域,泥石流发生频度高、危害范围大。提高小流域植被覆盖率,在村庄附近营造一定规模的防护林,不仅可以抑制泥石流形成、降低泥石流发生频率,而且即使发生泥石流,也多了一道保护生命财产安全的屏障。

4.雨季不要在沟谷中长时间停留

雨天不要在沟谷中长时间停留,一旦听到上游传来异常声响,应迅速向两岸上坡方向逃离。雨季穿越沟谷时,先要仔细观察,确定安全后再快速通过。山区降雨普遍具有局部性特点,沟谷下游是晴天,沟谷上游不一定也是晴天,"一山分四季,十里不同天"就是人们对山区气候变化无常的生动描述。因此,在雨季的晴天,同样也要提防泥石流灾害。

5.泥石流监测预警

青少年可建议父母,与父母一道多收听天气预报,特别是雨季时节;平时多观察沟岸滑坡的活动情况和沟谷中松散土石堆积情况,分析滑坡堵河及引发溃决型泥石流的危险性,如下游河水突然断流,可能是上游有滑坡堵河、溃决型泥石流发生。应建议相关政府部门在泥石流形成区设置观测点,发现上游形成泥石流后,及时向下游发出预警信号。

当家住在城镇、村庄、厂矿上游的水库和尾矿库附近时,建议经常进行巡查,发现坝体不稳时,要及时采取避灾措施,防止坝体溃决引发泥石流灾害。

 专家引路

发生泥石流的前兆

(1)泥石流沟谷上游突然传来轰鸣声。若山体发出打雷般声响,极可能是泥石流发生的前兆。其声音明显不同于机车、风雨、雷电、爆破等声音,可能是由泥石流携带的巨石撞击产生的。

(2)泥石流沟谷下游突然断流或者水势突然加大,并夹杂有很多柴草、树枝等。河流上游地区的山林,在洪水冲刷淘蚀下发生滑动,堵住河水导致河流断流,这是溃决型泥石流即将发生的前兆。

(3)动物异常,如猪、狗、牛、羊、鸡惊恐不安,不能入睡,老鼠乱窜。

泥石流来了，我们如何自救、逃生？

1.泥石流发生时的脱险自救

（1）遇到泥石流，要往与泥石流成垂直方向的山坡上跑，而不能顺着泥石流的方向往下游跑，且不要停留在凹坡处，此外，发生山体滑坡时，同样要向垂直于滑坡的方向逃生。

（2）在沟谷内逗留或活动时，一旦遭遇大雨、暴雨，发现山谷有异常的声音或听到警报时要迅速转移到安全的高地，离山谷越远越好，不要在低洼的谷底或陡峭的山坡下躲避、停留。

（3）野外宿营时要选择平整的高地作为营地，不能在有滚石和大量堆积物的山坡下面扎营，也不要在山谷和河沟底部扎营。

（4）暴雨停后，不要急于返回沟内的住地，应等待一段时间。

2.滑坡、崩塌后的应急自救

（1）不要立即进入灾区去挖掘和搜寻财物。当滑坡、崩塌发生后，后山斜坡并未立即稳定下来，仍不时发生石崩、垮塌，甚至还会继续发生较大规模的滑坡、崩塌。

（2）尽一切力量将灾情报告政府以便尽快获得救援。

（3）查看是否还有滑坡、崩塌的危险，禁止进入划定的危险区。

（4）注意收听广播、收看电视，了解近期是否会有发生暴雨的可能。收音机、手机等要节约使用，以延长使用时间。

 小贴士

我国对泥石流的预测、预报常采用的方法

（1）在典型的泥石流沟进行定点观测研究，力求解决泥石流的形成与运动参数问题。如对云南省东川市小江流域蒋家沟、大桥沟等泥石流的观测试验研究，对四川省汉源县沙河泥石流的观测研究等。

（2）调查潜在泥石流沟的有关参数和特征。

（3）加强水文、气象的预报工作，特别是对小范围的局部暴雨的预报。因为暴雨是形成泥石流的激发因素。比如，当月降雨量超过

350 毫米时,日降雨量超过 150 毫米时,就应发出泥石流警报。

(4)建立泥石流技术档案,特别是大型泥石流沟的流域要素、形成条件、灾害情况及整治措施等资料应逐个详细记录,并解决信息接收和传递等问题。

(5)划分泥石流的危险区、潜在危险区,或进行泥石流灾害敏感度分区。

(6)开展泥石流防灾警报器的研究及室内泥石流模型试验研究。

目前我国减轻或避防泥石流的工程措施

(1)跨越工程:修建桥梁、涵洞,从泥石流沟的上方跨越通过,让泥石流在其下方排泄,用以避防泥石流。这是铁道和公路交通部门为了保障交通安全常用的措施。

(2)穿过工程:修隧道或渡槽,从泥石流的下方通过,而让泥石流从其上方排泄。这也是铁路和公路通过泥石流地区的主要工程形式。

(3)防护工程:修建护坡、挡墙、顺坝、丁坝等防护工程,对重要的危害对象,如桥梁、隧道、路基、变迁型河流的沿河线路等进行保护。

(4)排导工程:其作用是改善泥石流流势,增大桥梁等建筑物的排泄能力,使泥石流按设计意图顺利排泄。排导工程包括导流堤、急流槽、束流堤等。

(5)拦挡工程:用以控制泥石流的固体物质和暴雨、洪水径流,削弱泥石流的流量、下泄量和能量,以减少泥石流对下游建筑工程的冲刷、撞击和淤埋等危害的工程措施。拦挡措施有拦渣坝、储淤场、支挡工程、截洪工程等。

为了更加有效地避防泥石流,我国常采用多种措施相结合的方式。

五、一方有难,八方支援

走进现场

(中广网)舟曲 2010 年 8 月 20 日消息(据中国之声《新闻和报纸

摘要》6 时 35 分报道），截至昨天（19 日），舟曲特大泥石流灾害死亡人数 1364 人，失踪 401 人，遇难和失踪总人数是 1765 人。目前舟曲灾区抢险救灾应急救援基本结束，灾后重建全面启动。甘南藏族自治州宣传部部长赵敏学指出，舟曲抢险救灾工作重点开始转向。"抢险救灾工作由应急救援逐步转到受灾群众进一步安置、河道淤泥废墟清理、恢复正常生产生活秩序和重建规划上来。"

泥石流暴发后，群众自发开展施救活动

泥石流暴发后，官兵组成的人桥

爱的奉献,民众纷纷伸出援助之手

舟曲,挺住! 舟曲,加油!

只要人人都献出一点爱,世界更美好!

互动讨论

(1)泥石流暴发后,我们应该如何开展施救?

(2)泥石流发生后,我们可以通过哪些途径寻求帮助?

知识加油站

泥石流发生后,向政府求助和寻求社会救助可以有效地帮助人们渡过难关。政府常常坚持"政府主导、多方参与、就近为主、异地为辅"的原则救助灾民。如孤儿安置、孤老孤残人员安置、建立保障措施、动员社会力量求助等等。

当有灾情发生后,受灾民众可以及时向相关救援机构请求救援、救助。

91

专家引路

科学家们提出了以下方案,可有效地减轻泥石流的灾害:

(1)治水为主的方案。

(2)治土为主的方案。

(3)排导为主的方案。

(4)综合治理方案。

防治泥石流政府会遵循以下原则:

(1)以防为主,防治结合,避强制弱,重点治理。

(2)沟谷的上、中、下游全面规划,山、水、林、田综合治理。

(3)工程方案应中小结合,以小为主,因地制宜,就地取材。

小贴士

泥石流何时暴发，规模有多大，其条件尚待科学家界定，但它是一种较大规模的自然灾害，形成原因是自然界多种因素作用的结果，因素比较复杂，根治极其困难。但是，只要我们齐心协力，一切困难都将被我们打倒！灾难不算什么，也没有什么可怕的，正是因为灾难，我们才变得更加团结、更加坚强。我们衷心祝愿，我们的家园更美好，我们的祖国更强大！

第五篇
在山体崩塌中躲避灾害

——面对滑坡的紧急避险自救

　　大自然的力量是神奇的，我们赖以生存的环境时时刻刻都在变化，即便是夯实的大地也在缓慢地移动着。万事万物有好就有坏，似乎这是宇宙在诞生时就定下的法则，大陆板块的运动造就了美丽的七大洲、五大洋，带给人们丰富的生存环境，但同时也带来了地震、火山爆发等骇人听闻的恶梦。在众多的自然灾害中，山体滑坡算是比较轻微但是频发的一种，说它轻微不是说它不会伤及性命，只是他比地震更容易监测，比火山爆发覆盖面更小罢了。不管你在哪一个角落，只要地势有高低起伏就会有遭遇滑坡的风险。所以，防患于未然，学习山体滑坡的相关知识，了解在遇到滑坡时怎样保护自己和救护他人就显得极为必要了。

一、滑坡——壮丽山河变地狱深渊

　走进现场

　　星期天早晨,小红和小刚去郊外爬山。当他们爬到半山腰准备休息时看见对面山坡上出现裂缝并听到地下发出异常声响,紧接着坡土开始向下滑动。小红和小刚看见山下的人们有的跑开了,有的被下滑的坡土掩埋了,有的抱着大树随着坡土一起下滑。看到这一幕,他们惊呆了,随即反应了过来,拨打了救援电话。接着救援的人员很快赶到现场,开始救援被困人员。小红和小刚后来得知这是山体滑坡,由于滑坡的先兆未被及早发现,导致人员被埋的悲剧。

　互动讨论

　　(1)你知道什么是滑坡吗?

　　(2)滑坡是如何形成的呢?

知识加油站

　　山体滑坡是指山体斜坡上某一部分岩土在重力（包括岩土本身重力及地下水的动静压力）作用下，沿着一定的软弱结构面（带）产生

剪切位移而整体地向斜坡下方移动的作用和现象,俗称"走上""垮山""地滑""土溜"等。滑动的岩块、土体称为滑坡体;岩体、土体下滑的底面为滑动面;滑坡体向下滑动时在斜坡顶部形成的陡壁称滑坡壁,又称破裂壁;滑坡体下滑后在斜坡上形成的阶梯状地形称滑坡阶梯;滑坡体的前端因受阻而突起的小丘称滑坡鼓丘;在初始滑动与滑动过程的各个阶段中,固块体受力不均匀会产生各种形式的裂隙,有环状拉张裂隙、平行剪切裂隙、挤压裂隙、放射状裂隙等,总体称滑坡裂隙。

专家引路

1.滑坡的构成要素

自然界中的滑坡有各种各样的形态。一个发育完全的典型滑坡,一般由下列要素组成。

(1)滑坡体(滑体):指产生了移动的那部分岩土体,即滑坡的滑动部分。

(2)滑动面(滑面):滑坡体与不动体之间的分界面称滑动面。

(3)剪出口:滑动面前端与斜坡面的交线。

(4)滑坡床(滑床):滑动面以下的稳定岩土体。

(5)滑坡后壁:滑坡体与不动体脱离后在后缘形成的暴露在外面的陡壁。

(6)滑坡洼地:指滑坡后部,滑坡体与滑坡后壁之间被拉开或有次一级滑块沉陷而形成的封闭洼地。有时,滑坡洼地可积水成湖,称为滑坡湖。

(7)滑坡台地:滑坡体滑动后,其表面坡度变缓并呈阶状的台地。

(8)滑坡台坎:由于滑动速度的差异,滑坡体在滑动方向上常解体为几段,每段滑坡体的前缘所形成的台坎地形称滑坡台坎。

(9)滑坡前部:滑坡常形成滑坡鼓丘和滑坡舌。滑坡鼓丘指位于滑坡体前端由滑体推挤作用而形成的丘状地形。滑坡舌指当滑坡剪出口高于坡脚时,在滑坡体前端出现的舌状形态。

（10）滑坡顶点：滑坡主轴通过滑坡后壁的交点。

（11）滑垫面：指滑坡体滑出剪出口后继续滑动和停积的原始地面。

（12）滑坡侧壁：位于滑坡体两侧的滑床呈壁状，称滑坡侧壁。

以上滑坡诸要素只有发育完全的新生滑坡才同时具备，并非任一滑坡都具有。

2.滑坡的形成

滑坡到底是怎样产生的呢？为什么会发生滑坡呢？研究发现，发生滑坡的原因决定于内部因素、外部因素以及人类活动的影响。

（1）滑坡的内部因素

内部因素即斜坡本身所具有的内部特征，它是滑坡产生的根本原因，主要与地形地貌、地质构造、岩土类型和水文地质条件有关。

①地形地貌条件。只有处于一定的地貌部位，具备一定坡度的斜坡，才可能发生滑坡。滑坡体的位置越高、体积越大、移动速度越快、移动距离越远，则滑坡的活动强度也就越高，危害程度也就越大。坡度、高差越大，滑坡位能越大，所形成滑坡的滑速越高。斜坡前方地形的开阔程度，对滑移距离的大小有很大影响。地形越开阔，则滑移距离越大。一般江、河、湖（水库）、海、沟的斜坡，地形高差大的峡谷地区，前缘开阔的山坡、铁路、公路和工程建筑物的边坡等都是易发生滑坡的地貌部位。坡度大于 10°，小于 45°，下陡中缓上陡、上部呈环状的坡形是产生滑坡的有利地形。

②地质构造条件。切割、分离坡体的地质构造越发育，形成滑坡的规模也就越大。组成斜坡的岩、土体只有被各种构造面切割分离成不连续状态时，才有可能向下滑动。同时构造面为降雨等水流进入斜坡提供了通道。故各种节理、裂隙、层面、断层发育的斜坡，特别是当平行和垂直斜坡的陡倾角构造面及顺坡缓倾的构造面发育时，最易发生滑坡，如断裂带、地震带等。通常地震烈度大于七度的地区，坡度大于 25°的坡体，在地震中极易发生滑坡。断裂带中的岩体破碎、裂隙发育，则非常有利于滑坡的形成。

③岩土类型、分布。岩土体是产生滑坡的物质基础。组成滑坡

体的岩、土的力学强度越高、越完整,则滑坡往往就越少。构成滑坡滑面的岩、土性质,直接影响着滑速的高低。一般来讲,滑坡面的力学强度越低,滑坡体的滑速也就越高:松散土层、碎石土、风化壳和半成岩土层的斜坡抗剪强度低,容易产生变形面下滑;坚硬岩石中由于岩石的抗剪强度较大,能够经受较大的剪切力而不滑坡。但是如果岩体中存在着滑动面,特别是在暴雨之后,由于水在滑动面上的浸泡,使其抗剪强度大幅度下降就易滑动。如松散覆盖层、黄土、红黏土、页岩、泥岩、煤系地层、凝灰岩、片岩、板岩、千枚岩及软硬相间的岩层所构成的斜坡等为滑坡的形成提供了良好的物质基础。

④水文地质条件。地下水活动,在滑坡形成中起着主要作用。它的作用主要表现在:软化岩、土,降低岩、土体的强度,产生动水压力和孔隙水压力,潜蚀岩、土,增大岩、土山体滑坡容重,对透水岩层产生浮托力等。尤其是对滑面(带)的软化作用和降低强度的作用最突出。

上述地带的叠加区域,就形成了滑坡的密集发育区。如我国从太行山到秦岭,经鄂西、四川、云南到藏东一带就是这种典型地区,滑坡发生密度极大,危害非常严重。

(2)滑坡的外部因素

外部因素是滑坡形成的诱发因素,当滑坡形成的内部条件满足时,在某种外部因素的激发下,就会发生滑坡。滑坡形成的外部条件主要有降水、流水、地震三个因素。

①降雨。雨季是滑坡的多发季节,尤其是在大雨、暴雨后和长降雨中更容易发生滑坡,大部分滑坡发生在雨季。雨水降到地表后,会对坡体产生 3 个作用。侵蚀软化作用:雨水渗透到地下,在软弱结构面上富集,使岩土侵蚀软化,抗剪强度迅速降低。增重作用:雨水渗透到地下,导致斜坡上的土石层饱和,甚至在斜坡下部的隔水层上积水,从而增加了滑体的重量,可迅速增大坡体的自重、静水压力和动水压力,降低土石层的抗剪强度,从而造成滑坡的发生。不少滑坡具有"大雨大滑、小雨小滑、无雨不滑"的特点。水劈作用:雨水降到地面,沿裂缝迅速渗透到地下,并很快充满裂缝,对裂缝两侧壁产生较大的侧向压力(水劈作用),使滑坡迅速启动。

②流水。流水对陡坡脚的冲刷,使起支撑作用的坡脚岩体被破坏,从而引起滑坡发生。

③地震。地震对滑坡的影响很大。究其原因,首先是地震的强烈作用使斜坡土石的内部结构发生破坏和变化,原有的结构面张裂、松弛,加上地下水也有较大变化,特别是地下水位的突然升高或降低对斜坡稳定是很不利的。另外,一次强烈地震的发生往往伴随着许多余震,在地震力的反复振动冲击下,斜坡土石体就更容易发生变形,最后就会发展成滑坡。

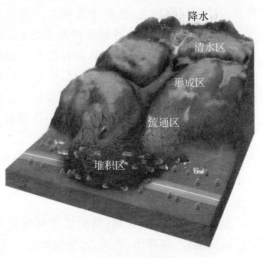

泥石流形成示意图

（3）人类活动影响

违反自然规律、破坏斜坡稳定条件的人类活动都会诱发滑坡。

①开挖坡脚。修建铁路、公路,依山建房、建厂等工程,常常因使坡体下部失去支撑而发生下滑。例如,我国西南、西北的一些铁路、公路因修建时大力爆破、强行开挖,事后陆陆续续地在边坡上发生了滑坡,给道路施工、运营带来危害。

②蓄水、排水。水渠和水池的漫溢和渗漏,工业生产用水和废水的排放、农业灌溉等,均易使水流渗入坡体,加大孔隙水压力,软化岩、土体,增大坡体容重,从而促使滑坡发生。水库的水位上下急剧变动,加大了坡体的动水压力,也可使斜坡和岸坡诱发滑坡。

③堆填加载。在斜坡上大量兴建楼房、修建重型工厂、大量堆填土石矿渣等,使斜坡支撑不了过大的重量,失去平衡而沿软弱面下滑。尤其是矿山废渣的不合理堆弃,常常触发滑坡。此外,劈山开矿的爆破作用,可使斜坡的岩、土体受震动而破碎产生滑坡;在山坡上

乱砍滥伐,使坡体失去保护,便有利于雨水等水体的渗入从而诱发滑坡等等。如果上述的人类作用与不利的自然作用互相结合,就更容易促使滑坡的发生。随着经济的发展,人类越来越多的工程活动破坏了自然坡体,因而近年来滑坡的发生越来越频繁。

3.滑坡的危害

我国的滑坡、崩塌主要分布在横断山区、黄土高原区、川北陕南山区、川西北龙门山地区、金沙江中下游河谷地区、川滇南北向条带状地带、汉江河谷(安康—白河)地段等。

滑坡给城镇和乡村造成毁灭性的灾害

滑坡对乡村最主要的危害是摧毁农田、房舍,伤害人畜,毁坏森林、道路以及农业机械设施和水利水电设施等,有时甚至给乡村造成毁灭性灾害。例如,1983年3月7日,我国甘肃省东乡族自治县洒勒山发生了一起巨大的山体滑坡,为我国北方黄土地区罕见的滑坡灾难。

位于城镇的滑坡常常砸埋房屋,伤亡人畜,毁坏田地,摧毁工厂、学校、机关单位等,并毁坏各种设施,造成停电、停水、停工,有时甚至毁灭整个城镇。2001年5月1日,重庆市武隆县突发山体滑坡,一座八层商住楼被下滑的山体冲垮。云南金沙江边巧家县大砂坝历史上称为"米粮坝",1754年发生一次大滑坡,继而发生的泥石流淤埋了巧家古县城,当地人称为"水打巧家城","米粮坝"从此变成"大沙坝"。

发生在工矿区的滑坡,可摧毁矿山设施、伤亡职工、毁坏厂房,使矿山停工停产,常常造成重大损失。山西省沁水煤田阳泉矿区是我国知名的矿区之一。1964年受采煤的影响,山坡出现了多处东西方向的裂缝,以后逐年加长和增宽。1968年雨季时,发生了切层滑坡,毁坏矿井,并严重威胁山体附近的赛鱼火车站,使行车毫无安全保证。1971年,铁路部门决定搬迁车站,避开险区,共花费资金数百万元。

二、地狱之灾的征兆、标志与识别

上周末发生的滑坡事件,令小红和小刚久久不能平静。因为,他俩在课余之时,最喜欢融入大自然中,去郊游、去"驴行"。他们常常

在这个过程中去探索一些鲜有人走的路线。那么,为了能识别一些有可能滑坡的山体,他俩决定要补充这方面的知识。于是,今天他俩来到了地理老师的办公室。

互动讨论

当身在野外,你是如何辨别山体是否会有滑坡危险的呢?

知识加油站

滑坡前的预兆

1.山坡上出现裂缝

滑坡裂缝是滑坡形成过程中的一种重要伴生现象。随着滑坡的发展,滑坡裂缝会由少变多、由断续变为连贯。对于土质滑坡,张开的裂缝延伸方向常与斜坡延伸方向平行,弧形特征明显;水平扭动的裂缝顺斜坡倾向发展,多数情况下较平直。对于岩质滑坡,裂缝的展布方向常受岩层面和节理面的影响而复杂化。地面裂缝的出现,说明山坡已经处于不稳定状态。弧形张开裂缝和水平扭动裂缝圈闭的范围,就是可能发生滑坡的范围。

2.坡脚松脱鼓胀

有些情况下,滑坡迹象首先在坡脚处显现出来。斜坡前缘土体或岩层发生松脱、垮塌时,垮塌的土体一般较湿润,垮塌的边界不断向坡上扩展;斜坡前部有时会发生丘状凸起,顶部常有张开的扇形或放射状裂缝分布。

3.斜坡局部沉陷

当地下存在洞室(如矿洞、溶洞)或地面有较厚的近期人工填土

103

时,有时会由于洞顶失稳或填土压实导致地面沉陷,这种情况下,地面陷落必然与下伏洞室或填土范围有明显的对应关系。当斜坡上出现的局部沉陷与上述因素无关时,可能是即将发生滑坡的征兆。

4.斜坡上建筑物变形

斜坡变形程度不大时,在土质地面和耕地中往往不易发现变形迹象,相比之下,房屋、地坪、道路、水渠等人工构筑物却对变形较敏感。因此,当各种构筑物相继发生变形,特别是变形构筑物在空间展布上具有一定规律时,应将之视为可能发生滑坡的前兆。

5.泉水井水异常变化

滑坡发展过程中,由于岩层、土层位置的变化,也会引起地下水水质和水量动态的变化。当发现原有泉水出水量突然变大、变小,甚至断流,水质突然浑浊,原来干燥的地方突然渗水或出现泉水,民井水位忽高忽低或者干涸,蓄水池塘忽然大量漏失等现象时,都可能是即将发生滑坡的表现。

6.地下发出异常声响

滑坡发展过程中造成的地下岩层剪断,巨大石块间的相互挤压和摩擦,都可能发出一些特殊的响声。当出现这种现象时,应该注意家禽、家畜是否也有异常反应。因为动物对声音的感觉要比人的感觉更灵敏,往往能在人类之前更早感知危险的临近。动物惊恐异常、植物变态,如猪、狗、牛惊恐不宁,不入睡;老鼠乱窜不进洞;树木枯萎或歪斜等。

7.各种前兆的相互印证

前兆出现的多少、明显程度及其延续时间的长短,对于不同环境下的滑坡有着很大差异,有些前兆可能是非滑坡因素所引起的。因此,在判定滑坡发生可能性时,要注意多种现象相互印证,尽量排除其他因素的干扰,这样作出的判断才会更准确。在无法判定是否会发生滑坡时,宁可信其有不可信其无,先采取避灾措施,再请专业人员来诊断。

专家引路

新滑坡是否稳定的标志

从宏观角度观察新近发生的滑坡体,可根据一些外表迹象和特征,粗略地判断它的稳定性。

1. 已稳定滑坡体的迹象

(1)坡体后壁较高,长满了树木,找不到擦痕,且十分稳定。

(2)滑坡平台宽大且已夷平,土体密实无沉陷现象。

(3)滑坡前缘的斜坡较缓,土体密实,长满树木,无松散崩塌现象,前缘迎河部分有被河水冲刷过的现象。

(4)目前的河水远离滑坡的舌部,甚至在舌部外已有漫滩、阶地分布。

(5)滑坡体两侧的自然冲刷沟切割很深,甚至已达基岩。

(6)滑坡体舌部的坡脚有清晰的泉水流出等等。

2. 不稳定滑坡体的迹象

(1)滑坡体表面总体坡度较陡,而且延伸很长,坡面高低不平。

(2)有滑坡平台、面积不大,且有向下缓倾和未夷平的现象。

(3)滑坡表面有泉水、湿地,且有新生冲沟。

(4)滑坡表面有不均匀沉陷的局部平台,参差不齐。

(5)滑坡前缘土石松散,小型坍塌时有发生,并面临河水冲刷的危险。

(6)滑坡体上无巨大直立树木。

旧滑坡的分层标志

识别一些老滑坡或较长时间处于相对稳定状态下的滑坡并非易事。通常,我们可以通过一些滑坡分层标志来识别滑坡。滑坡的标志主要有以下几方面。

(1)地貌地物标志:滑坡在斜坡上常呈圈椅状、马蹄状地形,滑动区斜坡常有异常台坎分布,斜坡坡脚挤占正常河床等。滑动体上常有鼻状鼓丘、多级错落平台,两侧双沟同源。在滑坡体上有时还可见

到积水洼地、地面开裂、刀马树、倾斜或开裂建筑物、管线路工程变形等。

（2）岩土结构标志：在滑坡体内常可见到岩土体松散的现象，以及岩土层位、产状与周围岩土体不连续的现象。

（3）滑坡边界标志：在滑坡后缘，即不动体一侧常呈陡壁，陡壁只有顺坡向擦痕，滑体两侧多以沟谷或裂缝为界，前缘多见舌状凸起、岩土堆或小型坍塌。

（4）水文地质标志：由于滑坡的活动，使滑体与不动体之间原有的水力联系遭到破坏，造成地下水在滑体前缘呈片状或股状渗出。正在滑动的滑坡，其渗出的地下水多为混浊状；已停止滑动的滑坡，其渗出的地下水多为清水，但渗流点下游多有泥沙沉积，有时还生成湿地或沼泽。

三、防患于未然——居陡峭山边而远地狱深渊

106

春天到了,小红和小刚所在的学校要组织同学们外出郊游。这可乐坏了他俩。郊游的地方是离学校半小时车程的一个旅游风景区里,学校准备本周五出发。可连续几天的大雨浇灭了小红和小刚激动的火焰。他俩知道,在目的地的路上,到处都是滑坡的山体。去年的夏天,还出现了一起滑坡事故。果不其然,在周四的校园广播中,播音员说道:"由于连日阴雨天气,通往风景区的一段道路被山上滚落的泥石流冲毁而中断了交通,因此,本周五的郊游活动被迫取消。请同学们相互转告!"

互动讨论

(1)你知道什么样的天气状况会出现滑坡地质灾害吗?

(2)你知道我们国家是如何预防和整治滑坡灾害的吗?

知识加油站

滑坡最易发生在一场大雨过后或连阴雨中,各类建筑施工和地震期间及每年春季融雪期。在滑坡易发期间,居住在山坡周围的青少年朋友及家人应充分做好避灾的准备工作。

我国预测滑坡的方法很多,比如遥感方法,通过遥感图像的解译判定滑坡;工程地质勘测法,确定滑坡的平面分布、物质组成、滑面位置、滑动方向、总体特征和总体积等;物探方法,利用专门的仪器对滑坡进行探测,以便确定滑坡的地质条件、范围和深度,测定滑坡的滑动现状、预测破坏时间等;岩体工程地质力学方法,主要进行区域地质背景调查,岩体结构特性调查,岩体变形和破坏模式的确定,岩体和结构面力学特性研究、稳定分析等。若你居于滑坡易发的地区,如何动态观测滑坡,并作好预防呢?

专家引路

滑坡的预测

1. 一般预测

（1）熟悉你周围的地形。从当地政府、应急处理办、国家地质调查部门、国土资源部门和大学地质系了解你所在的地区是否可能发生滑坡，过去发生滑坡的地方未来是否仍可能发生滑坡。

（2）支持当地政府制订并执行在易发生滑坡的地区的土地利用和建设条例。建筑物应该远离陡峭的山坡、溪流和河流、间歇峡谷和山谷等。

（3）注意你家附近斜坡上雨水排放系统，并特别注意这个地方的汇水区域。注意房子附近山坡上的任何地质运动迹象，如小型滑坡或逐渐倾斜的树木等。

（4）与当地政府联系，了解应急和疏散措施。制订自己的应急计划。

2. 危险期预测

（1）保持警觉，保持清醒！许多滑坡造成的伤亡发生在夜半时分，因此应收听电台广播的暴雨警告。必须认识到，短时间的强降雨可能会特别危险，特别是在长时间暴雨和潮湿的天气情况下。

（2）如果您所在的地区有滑坡的危险，考虑离开，这是最安全的做法。请记住，在激烈的风暴中行走是非常危险的。

（3）聆听任何不寻常的声音，可能是碎屑的流动，如树木或石头的开裂。如果你住在河流或渠道的附近，警惕水流量的突然增加或减少，或者河水变混浊。这些变化表明上游很可能发生了碎屑流，应该迅速采取行动，不要拖延！

（4）暴雨后检查房屋地下室的墙上是否存有裂缝裂纹。观察房屋周围的电线杆是否有向一方倾斜的现象，房屋附近的柏油马路是否已发生变形。

(5)驾车时要特别注意。河堤或路旁特别容易发生滑坡。若发现道路路面坍塌,泥浆、岩石下降及其他迹象都表明可能要发生碎屑流。

避灾准备

对于尚未滑动的滑坡危险区,一旦发现可疑的滑坡滑动迹象时,应立即报告邻近的村、乡、县等有关政府或单位。如果观察到的地裂缝长度较大、裂缝宽度增加较快,对坡下的村镇、单位或建筑威胁较大时必须立即进行以下准备。

(1)应配合相关部门事先在避灾场所搭建临时住所。

(2)事先将部分生活用品转移到避灾场所。

(3)根据实际情况,适当地准备交通工具、通信器材、常备药品及雨具。

(4)准备充足的食品和饮用水。

(5)相关部门会组织人员对滑坡滑动进行观测,我们应随时注意滑坡动向的消息。

109

小贴士

在山体较多的地区,我们的政府部门是如何来整治滑坡的呢?让我们一探究竟吧!

滑坡的防治

不同类型的滑坡,其成因、破坏方式、发展趋势和地质特征等都不同,我国政府首先采取对症下药、综合治理的方案,其次是彻底根治,以防后患。对于直接威胁工程安全的滑坡,采取一次彻底根治的方法,避免反复施工处理而造成后患。我国防治滑坡的工程措施很多,归纳起来可分为三类:一是消除或减轻水的危害;二是改变滑坡体的外形,设置抗滑建筑物;三是改善滑动带的土石性质。其主要工程措施简要分述如下。

1.消除或减轻水的危害

(1)排除地表水:绝大部分的滑坡与水有关,可见水对滑坡的影响是非常大的。水对滑坡的影响主要表现在水对滑坡坡脚的冲刷、滑坡体内的渗透水压力增大、水对滑面(带)土的软化和溶蚀等。常用的截排水工程有外围截水沟、内部排水沟、排水盲沟、排水钻孔、排水廊道、灌浆阻水等。排除地表水是整治滑坡不可缺少的辅助措施,而且应是首先采取并长期运用的措施。其目的在于拦截、旁引滑坡区外的地表水,避免地表水流入滑坡区内,或将滑坡区内的雨水及泉水尽快排除,阻止雨水、泉水进入滑坡体内。主要工程措施有设置滑坡体外截水沟、滑坡体上地表水排水沟、引泉工程,做好滑坡区的绿化工作等。

防止滑坡——排除地表水

(2)排除地下水:对于地下水,可疏而不可堵。其主要工程措施有截水盲沟,用于拦截和旁引滑坡区外围的地下水;支撑盲沟,兼具排水和支撑作用;仰斜孔群,用近于水平的钻孔把地下水引出。此外,还有盲洞、渗管、垂直钻孔等排除滑坡体内地下水的工程措施。

（3）防止河水、库水对滑坡体坡脚的冲刷，主要工程措施有在滑坡体上游严重冲刷地段修筑促使主流偏向对岸的"丁坝"；在滑坡体前缘抛石、铺设石笼、修筑钢筋混凝土块排管，以使坡脚的土体免受河水冲刷。

2.改变滑坡体外形，设置抗滑建筑物

预防滑坡首先要求建筑用地切莫选在易滑坡区。在选厂址和房址时，就应重视斜坡的稳定性。坡体是一个古滑坡、斜坡上松散土石层较厚、岩层倾向与坡面一致且含有松软层等，就不宜选作建设场地。其次是必须对坡面加固。如果需要在可能产生滑动的斜坡上进行工程建设，就必须事先采取稳定斜坡的措施。

（1）削坡减重：常用于治理处于"头重脚轻"状态而在前方又没有可靠的抗滑地段的滑体，使滑体外形改善、重心降低，从而提高滑体稳定性。

修筑支挡工程

（2）修筑支挡工程：因失去支撑而滑动的滑坡或滑坡床陡、滑动可能较快的滑坡，对其采用修筑支挡工程的办法，可增加滑坡的重力平衡作用，使滑体迅速恢复稳定。支挡建筑物种类有抗滑片石垛、抗滑桩、抗滑挡墙等。

（3）卸荷减载工程：这是一种简便易行的方法，滑坡减重能减小滑体下滑力，增加滑坡体稳定性。

（4）坡面防护工程：主要目的是防止水对坡面和坡脚的冲刷，又分为砌石和喷射混凝土、挡水墙和丁字坝等治理方法。

3.改善滑动带的土石性质

（1）焙烧法：焙烧法是利用导洞焙烧滑坡脚部的滑带，使之形成地下"挡墙"而稳定滑坡的一种措施。利用焙烧法可以治理一些土质滑坡。用煤焙烧砂黏土时，当烧土达到一定温度后，砂黏土会像砖块一样，具有同样高的抗剪强度和防水性，同时地下水也可从被烧的土裂缝中流入坑道而排出。用焙烧法治理滑坡，导洞须埋入坡脚滑动面以下 0.5～1.0 米处。为了使焙烧的土体呈拱形，导洞的平面最好按曲线或折线布置。导洞焙烧的温度，一般土为 50℃～80℃。通常用煤和木柴作燃料，也可以用气体或液体作燃料。焙烧程度应以塑性消失和在水的作用下不致膨胀和泡软为准。

（2）电渗排水：电渗排水是利用电场作用而把地下水排除，达到稳定滑坡的一种方法。这种方法最适用于粒径 0.005～0.05 毫米的粉质土的排水，因为粉土中所含的黏土颗粒在脱水情况下就会变硬。施工的过程是：首先将阴极和阳极的金属桩成行地交错打入滑坡体中，然后通电和抽水。一般以铁或铜桩为负极，铝桩为正极。通电后水即发生电渗作用，水分从正极移向由一花管组成的负极，待水分集中到负极花管之后，就用水泵把水抽走。

（3）爆破灌浆法：爆破灌浆法是一种用炸药爆破破坏滑动面，随之把浆液灌入滑带中以置换滑带水并使之固结滑带上，从而达到使滑坡稳定的一种治理方法。

由于滑坡成因复杂，影响因素多，因此需要上述几种方法同时使用、综合治理，方能达到目的。

四、远离苦海——面对地狱之灾的逃生自救

走进现场

　　2004年9月3日～6日,四川省宣汉县普降暴雨,部分地方出现大暴雨、特大暴雨。由于这场暴雨覆盖面宽,强度大,持续时间长,95％以上的降雨形成地表径流,导致山洪暴发,全县发生大小滑坡上千处,造成数十人死亡,多人失踪,上百人受伤。其中天台乡义和村发生特大滑坡灾害,致使数万亿立方米的山体下滑,滑距达100米以上,受灾面积达3平方千米,一所小学被毁,长达2.5千米的公路路段被毁,途经该地的交通、电力、通讯全部中断。

互动讨论

　　当发生滑坡灾害时,你知道该如何进行救援吗?

知识加油站

面临滑坡时的自救

（1）当你不幸处在滑体上时，首先应保持冷静，不能慌乱，然后采取必要措施迅速撤离到安全地点。慌乱不仅浪费时间，而且极可能导致错误的决定。

向滑坡体两侧跑

（2）迅速撤离到安全的避难场地。要迅速环顾四周，向较为安全的地段撤离。在确保安全的情况下，离原居住处越近越好，交通、水、电越方便越好。一般除高速滑坡外，只要行动迅速，都有可能逃离危险区段。跑离时，以向两侧跑为最佳方向。在向下滑动的山坡中，向上或向下跑均是很危险的。千万不要将避灾场地选在滑坡的上坡或下坡。也不要未经全面考察，从一个危险区跑到另一个危险区。同时要听从统一安排，不要自择路线。

（3）跑不出去时应躲在坚实的障碍物下。遇到山体崩滑，当无法继续逃离时，不能慌乱，应迅速抱住身边的固定物体，可躲避在结实的障碍物下，或蹲在地坎、地沟里。应注意保护好头部，可利用身边

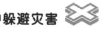

的衣物裹住头部。在一定条件下,如整体滑坡时,原地不动或抱住大树等物,不失为一种有效的自救措施。如1983年3月7日发生于甘肃东乡县的著名的高速黄土滑坡——洒勒山滑坡中的幸存者就是在滑坡发生时,紧抱滑体上的一棵大树而得生。

(4)立刻求助,将灾害发生的情况报告相关政府部门或单位。及时报告对减轻灾害损失非常重要。滑坡时,极易造成人员受伤,当受伤时应呼救"120"。"120"是全国统一的急救中心的电话号码。凡遇到重大灾害事件、意外伤害事故、严重创伤、急性中毒、突发急症时,在对伤员或病人实施必需的现场救护的同时,应立即派人呼救"120",寻求急救中心的援助。呼救时应说明灾害事件发生的时间、地点以及事件的性质,伤情、伤亡人数,急需哪方面的救援以及呼救人的姓名、单位及所用呼救电话号码。

滑坡后的救援互助

(1)不要立即进入灾害区搜寻财物,避免再次发生滑坡、崩塌时受到伤害。当滑坡、崩塌发生后,后山斜坡并未立即稳定下来,仍不时发生崩石、滑坍,甚至还会继续发生较大规模的滑坡、崩塌。因此,不要立即进入,应迅速巡查滑坡、崩塌斜坡区和周围是否还存在较大的危岩体和滑坡隐患,且不要进入灾害区去挖掘和搜寻财物。

115

隐患滑坡体

（2）检查靠近滑坡地区的受伤者和被困者。救助被滑坡掩埋的人和物时应先将滑坡体后缘的水排开，从滑坡体的侧面开始挖掘，先救人后救物。如果受过急救培训应尽量先对受伤者进行急救和求助。尽量帮助需要特别援助的邻居，如婴幼儿、老人和残疾人士。

（3）滑坡发生之后可能会发生洪水。查看天气，收听广播，收看电视，了解近期是否还会有发生暴雨的可能。如果将有暴雨发生，应该尽快对临时居住的地区进行巡查，了解斜坡和沟谷情况，避免新的灾害发生。

（4）检查公用线路是否损坏，并报告给公用事业公司。检查建筑地基、烟囱和周围土地的损害情况。尽快修复毁坏地面，因为侵蚀很可能导致山洪暴发。征询岩土专家对滑坡灾害评价或设计的减缓措施，以减少滑坡的风险。

（5）有能力者应配合相关工作人员及时清理疏浚，保持河道、沟渠通畅；做好滑坡地区的排水措施，可根据具体情况砍伐随时可能倾倒的危树；公路的陡坡应削坡，以防公路沿线崩塌滑坡。

116

（6）受灾者在重新入住之前，应注意检查屋内水、电、煤气等设施是否损坏；管道、电线等是否发生破裂和折断，如发现故障，应立刻拨打报修电话。

 专家引路

1. 救出伤者的正确方法

对于受伤者应立即挖出伤员，注意不要使伤员再度受伤，动作要轻、准、快，不要强行拉扯。如塌方时造成人整体被掩埋，救援方法如下：了解清楚被埋人的位置后，在接近伤者时，要防止抢救工具挖掘时的误伤，尽量用手刨挖；尽快将伤者的头部首先暴露出来，清理口鼻中的泥土砂石、血块、痰液等，松解衣带，以利呼吸；救出后应使伤员平卧，头偏向一侧，防止误服呕吐物。在救险时，要注意伤员附近的房架、断墙、砖瓦等情况，防止救援时倒塌。

2.对塌方受伤的急救方法

伤员清醒后喂少量盐开水,口渴者可给予碱性饮料,以防止酸中毒,防止肌红蛋白与酸性尿液作用后在肾小管中沉积。不能口服者,一般可让医务人员帮助其静脉输入生理盐水或平衡盐液,根据检查也可输入碳酸氢钠溶液。伤员意识不清、不省人事、烦躁、出冷汗、面色苍白、肢体发凉、脉细而弱、呼吸微弱或困难,均表示病情危重,需立即现场救护后就近送医疗机构。

对于出血的开放性外伤,应用布条止血和净水冲洗伤口,用干净毛巾或衬衣加压包扎好以防感染。对于小的浅表伤口则不宜用药,因涂药后影响观察伤情和正确的治疗。

对于骨折者,应在医务人员的指导下就地用夹板或代用品固定后运送。颈椎骨折者搬运时需一人扶住伤员头部并稍加牵引,同时头部两侧放沙袋固定;发现或怀疑有脊柱骨折时,搬动应十分小心,防止脊柱弯曲和扭转,以免加重伤情。搬运时,切忌使用软担架,严禁以一人抱胸、一人抬腿的方式搬动,此种方法最易造成脊髓损伤,以致终身截瘫。正确的做法是:由3～4人托扶伤员的头部、背部、臀部、腿部,抬平放在平板上,然后用布带将伤员固定后搬送。

被挤压的伤肢应避免活动,对能行走的伤员要限制活动,伤肢不应抬高,也不应热敷或按摩。根据情况,如伤肢需要固定者不要用石膏管型或夹板捆扎,一般稍加固定限制活动即可。肢体严禁加压包扎或用止血带。对伤肢的进一步处理需由医生定夺。

3.对呼吸心跳停止者的抢救方法

(1)人工呼吸

在施行人工呼吸前,应首先清除患者口中污物,取去口中的活动义齿,然后使其头部后仰,下颌抬起,并为其松衣解带,以免影响胸廓运动。救护者位于患者头部一侧,一手托起患者下颌,使其尽量后仰,另一手捏紧患者的鼻孔,防止漏气,然后深吸一口气,迅速口对口将气吹入患者肺内。吹气后应立即离开患者的口,并松开捏鼻的手,以便使吹入的气体自然排出,同时还要注意观察患者胸廓是否有起伏。

117

（2）心脏按压

如果患者心跳停止，应在进行人工呼吸的同时立即施行心脏按压。每分钟按压 100 次，以按压心脏 30 次，吹气 2 次为一个循环。按压时，应让患者仰卧在坚实床板或地上，头部后仰，救护者位于患者胸部一侧，双手重叠，指尖朝上，用掌的根部压在胸骨下 1/3 处（即剑突上两横指），垂直、均匀用力，并注意加上自己的体重，双臂垂直压下，将胸骨下压 3～5 厘米，然后放松使血液流进心脏，但掌根不离胸壁。

人工呼吸

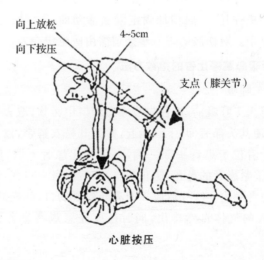

向上放松
向下按压
4~5cm
支点（膝关节）

心脏按压

小贴士

1. 2009 年 5 月 18 日晚湖北省十堰市发生山体滑坡

2009 年 5 月 18 日晚,湖北省十堰市的十漫高速公路旁的一处山体发生滑坡,事故发生在当日凌晨 2 点,滑坡将路旁的被动防护网砸坏了 30 多米后,又将路边的波纹安全护栏砸坏了 20 多米。事故发生后,十漫营运管理中心将十堰西至郧县东的高速公路半幅禁行,并组织人员对公路进行了紧急抢救疏通。经工作人员几个小时的奋力抢修,道路恢复通行。

2. 2009 年 5 月 19 日巫山长江段发生山体滑坡

2009 年 5 月 19 日凌晨,巫山长江北岸的龚家坊突然发出剧烈声响。约 2 万立方米体积的泥石流从坡上倾泻而下。继 2008 年 11 月 23 日之后,巫山龚家坊再次发生山体崩塌,事故导致该河段原有的 400 余米航宽减至 300 余米,一座航标被掀翻。事发后,巫山海事处对该水域 10 千米实施禁航 5 小时。18 日早晨,航道部门在距离北岸百余米处重新设置了任家嘴浮标后解除禁航。事故没有造成船舶事故和人员伤亡。

第六篇
感化白色精灵的癫狂

——面对冰雪风暴的紧急避险自救

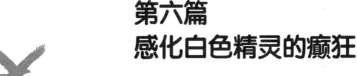

　　雪是圣洁的花，雪是人间的精灵；雪花从天而降，装扮着萧条的冬日，把世界变成一座圣洁的宫殿，带来无限的乐趣，让人们无不感叹大自然的美丽与奇妙。"白雪却嫌春色晚，故穿庭树作飞花。"古往今来文人墨客对雪的赞美留下了许许多多感人的名诗佳句，一直被后人所传颂。然而，如果美丽的雪花持续不断地降落，就会给生灵带来危害。我们喜爱的白色精灵变得癫狂时给人类带来的损失是巨大的。我们必须学会在白色恶魔笼罩下的避险自救办法，保护自己和身边的亲人朋友，给寒冷的环境增添一份温暖。

一、精灵的诞生——雪的奥秘

　　2008 年初的雪灾,开启了那伟大而又不平凡的一年。2008 年 1月 10 日起中国发生了大范围低温、雨雪、冰冻等自然灾害。中国的上海、浙江、江苏、安徽、江西、河南、湖北、湖南、广东、广西、重庆、四川、贵州、云南、陕西、甘肃、青海、宁夏、新疆等 20 个省(市、自治区)均不同程度受到低温、雨雪、冰冻灾害影响。其中湖南、湖北、贵州、广西、江西、安徽、四川 7 个省份受灾最为严重。暴风雪造成多处铁路、公路、民航交通中断。由于正逢春运期间,大量旅客滞留站场港埠。另外,电力受损、煤炭运输受阻,不少地区用电中断,电信、通讯、供水、取暖均受到不同程度的影响,某些重灾区甚至面临断粮危险。而融雪流入海中,对海洋生态亦造成浩劫,台湾海峡即传出大量鱼群暴毙的事件。

互动讨论

(1)美丽的雪花怎么会变成白色恶魔呢?

(2)你知道雪是怎么形成的吗?

(3)你知道降雪有哪四个级别吗?

(4)雪花又有哪些类别呢?

知识加油站

雪的形成

　　雪的形成必须具备两个条件,首先是空气中要有充足的水汽,其次要有气流的上升运动存在。当暖湿空气与冷湿空气相遇时,暖湿空气就被抬到了冷空气的背上,又暖又湿的空气爬到几千米的高空后,由于那儿的气温很低,空气中的水汽遇冷便发生了凝结,凝结后变成冰晶,这些小冰晶在相互碰撞时,冰晶表面会增热而有些融化,并且会互相黏合又重新冻结起来。这样重复多次,冰晶便增大了。上升的气流托不住它们时,它们就往下降落,在下落的过程中,如果靠近地面的空气温度比较高,雪花就会融化成水滴,这就是我们看到的雨,假如雪花在降落的过程中,靠近地面的空气温度较低,雪花不被融化,我们就可以看到随风飘舞的雪花了。

1.雨夹雪

　　当靠近地面的空气在 0℃ 以上,且这层空气不够厚、温度不够高时,雪花就会来不及完全融化而落到地面,这叫做降"湿雪",或"雨雪并降"。这种现象在气象学里叫"雨夹雪"。

2.鹅毛大雪

　　雪花从云中下降到地面的路途很长,多个雪花很容易互相攀附而合并在一起,这种由许多雪花粘连在一起,甚至经过多次的合并而

124

形成的大雪片,就是我们所说的"鹅毛大雪"。我们见到的从天空中降落的单个雪花晶体的直径一般为0.5~3毫米,但经过多次合并形成的大雪片,最大的直径可达15毫米左右。

雪花的分类

　　雪花的形状极多,而且十分美丽。如果把雪花放在放大镜下,可以发现每片雪花都是一幅极其精美的图案,连许多艺术家都赞叹不止。有的像一颗闪闪发光的星星,有的像六把向六个方向张开去的小扇子,有的像一块六角形的薄板,有的像一丛整齐的树,有的像一枚缝衣服用的钢针,有的像一颗熠熠生辉的银色纽扣……千姿百态,使人眼花缭乱。但是,再复杂的雪花,它们无非是七种形状中的一种:雪片、星形雪花、柱状雪晶、针状雪晶、多枝状雪晶、轴状雪晶和不规则雪晶。尽管雪花的形状千姿百态,却万变不离其宗,所以科学家们才有可能把它们归纳为前面讲过的七种形状。在这七种形状中,六角形雪片和六棱柱状雪晶是雪花的最基本形态,其他五种不过是这两种基本形态的发展、变态或组合。

125

形状各异的美丽雪花

降雪量的统计

降雪量是气象观测人员用标准容器将 12 小时或 24 小时内采集到的雪化成水后,测量得到的数值,以毫米为单位。降雪量和积雪深度是两个完全不同的概念。积雪深度是通过测量气象观测场上未融化的积雪得到的,取的是从积雪面到地面的垂直深度,以厘米为单位,是一个可以随着积雪的加深不断累积变化的数值。

在天气预报中,不同强度的降雪主要以降雪量来衡量,一般有小雪、中雪、大雪、暴雪四个级别。

小雪:下雪时水平能见距离等于或大于 1000 米,地面积雪深度在 3 厘米以下,24 小时降雪量为 0.1～2.4 毫米。

中雪:下雪时水平能见距离在 500～1000 米之间,地面积雪深度为 3～5 厘米,24 小时降雪量达 2.5～4.9 毫米。

大雪:下雪时能见度很差,水平能见距离小于 500 米,地面积雪深度等于或大于 5 厘米,24 小时降雪量达 5.0～9.9 毫米。

暴雪:当 24 小时降雪量不小于 10.0 毫米时,为暴雪。

如果有降雪而没有形成积雪,一般称之为"零星小雪"。

你来思考

刚刚学习了关于雪的知识,你能说说雨夹雪和鹅毛大雪有什么不一样吗?天气预报中的小雪、中雪、大雪、暴雪是怎么评判的呢?

小贴士

小雪节气是农历冬季的第二个节气,是二十四节气中的第二十个。从每年 11 月 22 日或 23 日开始,到 12 月 7 日或 8 日结束。小雪节气中说的"小雪"与日常天气预报所说的"小雪"意义不同。小雪节气是一个气候概念,它代表的是小雪节气期间的气候特征;而天气预报中的小雪是指降雪强度较小的雪。

二、精灵变恶魔——令人恐怖的冰雪灾害

雪灾导致电缆受损

交通受阻，旅客大量滞留

牧区雪灾，牲畜无处觅食

　　1977年10月24日～29日，北方大部地区降了雨雪，华北、华东北部降了大暴雨(雪)，其中内蒙古普降暴雪，锡林郭勒盟北部最大，降雪量达58毫米，乌盟北部、赤峰市北部、哲盟北部及兴安盟、呼盟牧区降雪量为25～47毫米。上述地区积雪厚度达16～33cm，局部60～100cm，为近40年罕见。大雪封路，交通中断，造成严重特大雪灾。据不完全统计，锡林郭勒盟牲畜死亡300余万头，占牲畜总数的2/3；乌盟牲畜死亡56万头(只)，死亡率达10.8％；赤峰市60万头(只)牲畜处于半饥饿状态，30万头(只)牲畜无法出牧，死亡牲畜10万头(只)。昭盟北部下了冻雨，造成电线严重结冰，个别地区邮电通信中断。

互动讨论

(1)你知道雪灾是如何形成的吗?

(2)雪灾是如何划分级别的呢?

(3)雪灾会引起哪些次生灾害呢?

知识加油站

雪灾亦称白灾,是因长时间大量降雪造成大范围积雪成灾的自然现象。人们通常用草场的积雪深度作为雪灾的首要标志。由于各地草场差异、牧草生长高度不等,因此形成雪灾的积雪深度是不一样的。内蒙古和新疆根据多年的调查资料分析,对历年降雪量和雪灾形成的关系进行比较,得出雪灾的指标为:

轻雪灾:冬春降雪量相当于常年同期降雪量的120%以上;

中雪灾:冬春降雪量相当于常年同期降雪量的140%以上;

重雪灾:冬春降雪量相当于常年同期降雪量的160%以上。

雪灾的指标也可以用其他物理量来表示,诸如积雪深度、密度、温度等,不过上述指标的最大优点是使用简便,且资料易于获得。

1.雪灾形成的原因

大量降雪是白灾的起因,但是如果降雪很快融化,没有积雪是形不成白灾的。降雪量和气温是积雪状况的决定因素,只有积雪达到一定程度才能形成白灾。

冬季降雪区域(夏季降雨区域同理)分布于锋面附近,也就是冷暖气团交界处。但是位置是不固定的,它由两种性质的气团势力的强弱决定。若冷气团势力弱,锋面及降水区域偏高纬;冷气团势力强,锋面及降水区域偏低纬。冬季影响我国的陆地冷高压是中心位于蒙古、西伯利亚地区的亚洲高压(又称蒙古—西伯利亚高压),它的势力范围非常大,对我国特别是北方地区的天气情况影响极大。

大气环流有着自己的运行规律,在一定的时间内维持一个稳定的环流状态。在青藏高原西南侧有一个低值系统,在西伯利亚地区维持一个比较高的高值系统,也就是气象上说的低压系统和高压系统。这两个系统在这两个地区长期存在,影响着我国的气象变化,低压系统给我国的南方地区,主要是南部海区和印度洋地区带来比较丰沛的降水。而来自西伯利亚的冷高压,向南推进的是寒冷的空气。中国大部分地区冬季干燥寒冷,很明显是受来自西伯利亚冷空气团的影响。

当来自蒙古—西伯利亚的强大冷气团迅速南下至南方地区,并与暖湿气团相遇后,冷暖气团的结合会产生强烈的反应。受这两个气流的共同影响,长江流域雨雪天气比较多,而且长时间维持着低温天气。若只有暖湿气团提供的大量水汽,而没有冷气团光临,则根本没有什么灾害性天气;若只有强大的冷气团,而没有暖湿气团提供的大量水汽,南方只会出现大风降温天气;而冷暖气团同时作用,当地就很容易出现暴雪天气。由于这种冷暖空气异常地在南方地区长时间交汇,导致中国南方大范围的雨雪天气持续时间就比较长。

2.雪灾的分类

(1)雪灾按其发生的气候规律可分为两类,猝发型和持续型。

①猝发型。猝发型雪灾发生在暴风雪天气过程中或以后,在几天内保持较厚的积雪,对牲畜构成威胁。本类型多见于深秋和气候多变的春季,如青海省 2009 年 3 月下旬至 4 月上旬和 1985 年 10 月中旬出现的罕见大雪灾,便是近年来这类雪灾最典型的例子。

②持续型。持续型雪灾的积雪厚度随降雪天气逐渐加厚,密度逐渐增加,稳定积雪时间长。此型可从秋末一直持续到第二年的春季,如青海省 1974 年 10 月至 1975 年 3 月的特大雪灾,持续积雪长达 5 个月之久,极端最低气温降至零下三四十度。

(2)根据我国雪灾的形成条件、分布范围和表现形式,将雪灾分为 3 种类型:雪崩、风吹雪灾害(风雪流)和牧区雪灾。

雪灾引起的灾害

1. 雪崩

雪崩

　　积雪的山坡上,当积雪内部的内聚力抗拒不了它所受到的重力拉引时,便向下滑动,引起大量雪体崩塌,人们把这种自然现象称作雪崩。雪崩是一种所有雪山都会有的地表冰雪迁移现象,它们不停地从山体高处借重力作用顺山坡向山下崩塌,崩塌时速度可以达20～30米/秒,随着雪体的不断下降,速度也会突飞猛涨,一般12级的风速为20米/秒,而雪崩可达到97米/秒,速度可谓极大,具有突然性、运动速度快、破坏力大等特点。它能摧毁大片森林,掩埋房舍、交通线路、通讯设施和车辆,甚至能堵截河流,发生临时性的涨水。同时,它还能引起山体滑坡、山崩和泥石流等可怕的自然现象。因此,雪崩被人们列为积雪山区的一种严重自然灾害。雪崩常常发生于山地,有些雪崩是在特大雪暴中产生的,但常见的是发生在积雪堆

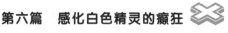

积过厚,超过了山坡面的摩擦阻力时。雪崩的原因之一是在雪堆下面缓慢地形成了深部"白霜",这是一种冰的六角形杯状晶体,与我们通常所见的冰碴相似。这种白霜因雪粒的蒸发所造成,它们比上部的积雪要松散得多,在地面或下部积雪与上层积雪之间形成一个软弱带,当上部积雪开始顺山坡向下滑动时,这个软弱带起着润滑的作用,不仅加快雪下滑的速度,而且还带动周围没有滑动的积雪。由于雪崩发生突然,摧毁力大,可使大片森林、房屋、道路,甚至整片耕地和村庄淹没,故人们称之为"白色死神"。

2.风吹雪

大风携带雪运行的自然现象就叫风吹雪,又称风雪流。积雪在风力作用下,形成一股股携带着雪的气流,粒雪贴近地面随风飘逸,被称为低吹雪;大风吹袭时,积雪在原野上飘舞而起,出现雪雾弥漫、吹雪遮天的景象,被称为高吹雪;积雪伴随狂风起舞,急骤的风雪弥漫天空,使人难以辨清方向,甚至把人刮倒卷走,称为暴风雪。风吹雪的灾害危及工农业生产和人身安全。风吹雪对农区造成的灾害,主要是将农田和牧场大量积雪搬运他地,使大片需要积雪储存水分、保护的农田、牧场裸露,农作物及草地受到冻害;风吹雪在牧区造成的灾害主要是淹没草场、压塌房屋、袭击羊群、引起人畜伤亡;风吹雪可对公路造成危害。

131

风雪流

3.牧区雪灾

牧区雪灾亦称白灾,是因长时间大量降雪造成牧区大范围积雪成灾的自然现象,是中国牧区常发生的一种畜牧气象灾害。依靠天然草场放牧的畜牧业地区,冬半年降雪量过多和积雪过厚,雪层维持时间长,将影响畜牧正常放牧活动。对畜牧业的危害,主要是积雪掩盖草场且超过一定深度,有的积雪虽不深但密度较大;或者雪面覆冰形成冰壳,牲畜难以扒开雪层吃草而造成饥饿;有时冰壳还易划破羊和马的蹄腕造成冻伤,致使牲畜瘦弱;此外,会造成牧畜流产,仔畜成活率低,老弱幼畜饥寒交迫,死亡增多。牧区雪灾还严重影响甚至破坏交通、通讯、输电线路等生命线工程,对牧民的生命安全和生活造成威胁。雪灾主要发生在稳定积雪地区和不稳定积雪山区,偶尔出现在瞬时积雪地区。中国牧区的雪灾主要发生在内蒙古草原、西北和青藏高原的部分地区。

牧区雪灾

暴雪预警

暴雪预警信号分四级,分别以蓝色、黄色、橙色、红色表示。

1.蓝色预警信号

标准:12 小时内降雪量将达 4 毫米以上,或者已达 4 毫米以上且降雪持续,可能对交通或者农牧业有影响。

居民防御指南:

(1)行人注意防寒防滑,驾驶人员小心驾驶,车辆应当采取防滑措施。

(2)农牧区和种养殖业要储备饲料,作好防雪灾和防冻害准备。

(3)加固棚架等易被雪压的临时搭建物。

2.黄色预警信号

标准:12 小时内降雪量将达 6 毫米以上,或者已达 6 毫米以上且降雪持续,可能对交通或者农牧业有影响。

居民防御指南:

(1)行人注意防寒防滑,驾驶人员小心驾驶,车辆应当采取防滑措施。

(2)农牧区和种养殖业要备足饲料,作好防雪灾和防冻害准备。

(3)加固棚架等易被雪压的临时搭建物。

3.橙色预警信号

标准:6 小时内降雪量将达 10 毫米以上,或者已达 10 毫米以上且降雪持续,可能或者已经对交通或者农牧业有较大影响。

居民防御指南:

(1)减少不必要的户外活动。

(2)加固棚架等易被雪压的临时搭建物,将户外牲畜赶入棚圈喂养。

4.红色预警信号

标准:6 小时内降雪量将达 15 毫米以上,或者已达 15 毫米以上且降雪持续,可能或者已经对交通或者农牧业有较大影响。

133

居民防御指南：

(1)必要时停课、停业(除特殊行业外)。

(2)配合相关部门做好牧区等救灾救济工作。

 你来思考

我们喜爱的白色精灵为什么会变成白色恶魔？雪灾主要的灾害形式有哪几种？天气预报中的不同暴雪预警信号各自的意义又是什么呢？

 小贴士

积 雪

覆盖在地球表面的大气固态降水,统称积雪。降落到地面上的雪花,不是都能形成积雪的,只有当地面土壤温度和贴地层空气湿度在一个比较长的时间里保持在0℃以下时,才有可能出现积雪。

地球上有积雪的地区,根据积雪时间的长短,又可分为季节积雪地区和永久积雪地区。

每年从冬天开始积雪,待春暖花开时积雪融化的地带,称为季节积雪地区。这个地区包括温带和大部分有人烟的寒带陆地。我国的绝大部分地方都属于这种季节积雪地区。在南北两极和世界上一些著名的高山上,那里的积雪就是在夏季最热的时候也融化不完,成为终年不化的积雪。这些积聚终年不化的积雪的地方,称为永久积雪地区。我国西部北起阿尔泰山,南到喜马拉雅山的一系列高山雪线以上的地方,都有永久积雪存在,面积共有50000平方千米左右,约占全国陆地面积的0.5%。至于全世界的永久积雪面积,则达到1500万平方千米以上。

根据积雪稳定程度,将我国积雪分为5种类型。

（1）永久积雪：在雪平衡线以上，降雪积累量大于当年消融量，积雪终年不化。

（2）稳定积雪（连续积雪）：空间分布和积雪时间（60天以上）都比较连续的季节性积雪。

（3）不稳定积雪（不连续积雪）：虽然每年都有降雪，而且气温较低，但在空间上积雪不连续，多呈斑状分布，在时间上积雪日数10～60天，且时断时续。

（4）瞬间积雪：主要发生在华南、西南地区，这些地区平均气温较高，而在季风特别强盛的年份，因寒潮或强冷空气侵袭，发生大范围降雪，但很快消融，使地表出现短时（一般不超过10天）积雪。

（5）无积雪：除个别海拔高的山岭外，多年无降雪。

雪灾主要发生在稳定积雪地区和不稳定积雪山区，偶尔出现在瞬时积雪地区。

三、冰雪恶魔不可怕——雪灾的防范妙招

135

走进现场

2012年初，欧洲严寒持续12天就夺走逾550条生命，罗马尼亚部分地区积雪没过屋顶，数十万偏远地区的民众受困屋内。多瑙河因结冰而关闭数百千米的航运。意大利多地航班受到影响，而塞尔维亚电力吃紧，多所学校停课，多处道路交通中断，还有许多地方的居民饱受停电之苦。

互动讨论

（1）面对雪灾，我们该如何作出相应的防灾准备？

（2）雪灾时期，我们如何进行自我保护？

（3）雪灾之后，我们如何安全出行？

 知识加油站

雪灾来临前要做些什么

（1）密切关注暴雪的最新预报、预警信息。

（2）做好道路清扫和积雪融化准备工作。

（3）雪灾来临前减少外出活动，减少车辆外出，躲避到安全的地方。

（4）不要待在不结实、不安全的建筑物内，要待在安全的房子内。

（5）防寒保暖，准备足够的食物和水。

雪灾来临时该怎么做

（1）要尽量闭嘴，防止风和雪灌入口中引起呼吸道堵塞。

（2）切记不要乱喊，节省氧气和保存自己的体力，等待时机以待救助。

（3）注意观察自己所处的环境，努力创造出有利于自己生存的环境，观察是否有人路过，以寻求帮助。

 专家引路

雪灾时如何科学预防冻伤

发生雪灾时以及雪灾过后，天气一般都会变得寒冷，在这样的天气里易发生冻伤，但通过采取行之有效的措施，冻伤还是可以预防的。冻伤主要是由于低温寒潮引起的，也受其他因素的影响。如潮湿、刮风、穿衣过少、长时间静止不动，都可加重冻伤。另外，疲劳、酗酒、饥饿、失血、营养不良等也会使人体的抵抗力大大降低，并因此引起冻伤。

1.加强锻炼

经过耐寒训练的人一般是不会被冻伤的。人们在平时的生活中要注意加强体育锻炼，并适当进行耐寒训练，这样就可以增强体质。另外，可以从夏天开始就用冷水洗脸、洗脚等以增强体质。

2.注意饮食

天气寒冷时，为了更好地防止冻伤，要注意加强饮食。此时一定要按时吃饭，并且要注意食物的质量。在饮食时可以多吃含热量较高的食物，如油类、肉类等，这样增加身体的热量，就可以增强身体的抗寒能力。

3.注意日常生活

日常生活中也可以有效地防止冻伤。寒冷季节里可以用辣椒秧煎水，经常用这样的水洗手洗脚可以预防手脚被冻伤。

4.正确保暖

许多人以为，在寒冷的天气里将鞋子、袜子等穿得紧一点会更加保暖，并且可以预防冻伤，其实这种想法是不对的。鞋袜过紧会导致局部血流不畅，热量无法顺利到达脚部，反而不利于保暖。在寒冷的冬季，衣物不要裹得太紧，并且要保证衣服鞋袜的干燥。在寒冷的天气最好不要在室外待太久，如果时间过长要尽量活动一下手部或者足部，如搓手、搓脚等。

雪灾后出行如何保护自己

1.远离机动车道

雪灾过后路上存有大量积雪，机动车辆在路上行驶时特别容易打滑，这也就使机动车辆的制动性能在一定程度上有所降低。在横行马路时，如果看见有机动车行驶过来，千万要小心，等车过去以后再穿越马路。

此外，在外出时最好在人行道上走。平时有一些人喜欢在快车道边缘行走，还有一些人把机动车留下的冰印当成"溜冰道"，这样是非常危险的。

2. 摔跤时用手撑地

雪后出行会更加困难,在道路结冰的路面上行走时要尽量慢行,并且要观察路面的情况,在行走时避免摔倒。如果不幸摔倒,要尽量用手部和双肘撑地,这样可以减轻后背、后脑勺撞向地面的冲击力,避免碰伤脑部等重要部位。

3. 出门穿平底鞋

大雪过后在雪地上行走,切忌提重物,走路时双手最好不要放在衣兜里,因为双手来回摆动能使身体保持平衡。出门时尽可能不要穿皮鞋。

4. 出行归来尽可能进行保暖

如今,人们的生活水平在日益提高,很多城市的住宅小区供暖都非常好,这就使家中的室内温度比室外温度高很多。一些人在外出回家后会脱掉外套,只穿着毛衣甚至单薄的内衣。若此时进出阳台和院落,会由于室内外温差太大而引起感冒。因此,要注意降低室内外温差和保暖。

雪灾后如何防治多种疾病

雪灾都是因强冷空气侵袭时所引见,这种低温环境可以大大削弱人体防御功能和抵抗力,这样也就会诱发各种疾病,甚至发生生命危险。在这样的环境下,有一些看似小小的健康问题,但如果防范不好也会因此引起大毛病。

1. 鼻子出血

鼻子出血在平时有可能是小毛病,很多人上火的时候都会出现出血的现象,但是在雪灾过后的寒冷天气要注意这个小问题。如果自己或者遇到轻微的鼻子出血者可采取侧卧式,并且保持头部稍向前低的姿势,此时,要改用嘴巴呼吸以保持气道通畅,并以手指压迫鼻翼止血,10分钟左右流血可自然减少或停止。

2. 呼吸疾病

大雪过后天气都会变得寒冷,这时很多人都会因为寒冷而待在家里。冬季室内的空气都不是很好,长久待在这样的环境里很容易得上呼吸道疾病。冬季是很冷,但是可以在天气稍暖和时到户外呼吸一些新鲜空气。对付寒冷的最好方法就是让自己动起来,因为运动不仅能促进血液循环,使你不感觉那么冷,还可以增强心肺功能,对我们的呼吸系统也是一个很有益的锻炼。

3. 手脚冰凉

很多人在大雪过后的寒冷日子都会觉得自己的手脚冰凉,这和天气有直接的关系,也和人的身体素质及平时的生活习惯有关。手脚冰凉的人在冷天可以多穿一些保暖的衣服,并且多做伸缩手指、手臂绕圈、扭动脚趾等暖身运动,尽量避免长时间固定不动的姿势。

4. 关节疼痛

雪灾过后很多人都会感觉关节疼痛,要注意自己的肢体保暖,可利用护膝、护肘等防护用品。这时要进行有规律的运动,这样可以强化腿部的肌肉,促进血液循环。天气寒冷时还要尽量减少外出。

5. 情感失调

很多人在雪灾之后都会有一种情感上的失落,这时可以多参加一些心理辅导,或多和亲人朋友交流以减少孤独感。

另外,在寒冷的冬季多让自己晒太阳,对减少由于心情引起的失落感有一定的作用。雪后晴天的阳光非常温暖,这种阳光不仅能够晒走你的抑郁心情,借助阳光还能更好地合成体内维生素 D,对你的身体也有很多好处。

小贴士

雪灾后防治流感小方法

流感与普通感冒不同。普通感冒主要是鼻塞流涕比较明显,也有可能发烧,但体温一般不会太高,头痛、咽痛、咳嗽比较轻微。

流感是由流感病毒引起的,特点是具有流行性。流感的症状非

139

常典型，一发病即出现高烧，常达39℃以上，同时会伴有寒战、肌肉酸痛、头痛、咽痛、乏力等症状。

接种流感疫苗是一种很好的预防方法。流感疫苗是针对流感病毒制造的，但流感病毒有很多类型，目前使用的流感疫苗是世界卫生组织经过预测后推荐的，只能预防几种类型的流感毒株，对其他的毒株没有预防作用，同样对其他病毒和细菌引起的普通感冒也无预防作用。因此为了更好地预防流感要注意保持健康的生活习惯。

1. 勤洗手

雪灾过后的天气会变得寒冷，很多人在这时都会患上感冒，患者在擦鼻涕、挖鼻孔时会将病毒沾在手上，这时健康人若与患者握手或在公共场所接触患者所触摸过的物品，手上就会带有感冒病毒，也就容易患上感冒。感冒高发季节一定要注意勤洗手，这样可以减少病毒的侵害，也就可以保证身体健康。

2. 勤换牙刷

人们每天都要刷牙，牙刷的使用率非常高，但是如果不注意牙刷的清洁，就会在使用牙刷时感染上病毒，影响你的身体健康。牙刷常处于潮湿状态，病原体易滋生和繁殖，若上面带有病毒，就容易反复感染，对身体健康极为不利。

3. 脚部保暖

大雪过后要注意脚部保暖，寒从脚下起，脚对温度比较敏感，如果脚部受凉，会反射性地引起鼻黏膜血管收缩，使人容易受到感冒病毒侵扰。

4. 饮食清爽

人们在日常生活中如果饮食过咸则会加快唾液的分泌，减少口腔内的溶菌酶，同时也会降低干扰素等抗病因子的分泌，这样就容易使感冒病毒进入呼吸道黏膜从而诱发感冒。因此，饮食要清淡。

5. 精神愉快

雪灾过后要保持愉悦的心情，这样也会大大降低患传染病的机会。现代医学专家通过观察发现，精神紧张、忧郁的人，体内抗病毒物质要比精神愉悦的人少很多,因此这些人的免疫力也会下降,在感冒多发期也就容易患上感冒。

6. 合理睡眠

合理的睡眠对预防疾病有很好的作用。一个人如果始终处于睡眠不足的状态下,体质就会逐渐下降,也就易患病。人在睡眠时体内会产生一种可提高免疫力的物质,因此感冒病人保证充足的睡眠十分重要。

四、用心温暖自己——雪灾时的逃生自救

 走进现场

雪灾时的逃生自救

2012年9月22日,一支登山队正在攀登位于尼泊尔境内的喜马

拉雅山脉马纳斯卢峰。当晚,这支登山队就已经接近马纳斯卢峰峰顶,到达海拔 7000 米的一座营地。可是,就在第二天清早准备冲顶前,营地突然遭遇雪崩,而且引发了巨大雪流。这起事故造成登山队中至少 9 人遇难、6 人失踪。死者中包含法国人、德国人、西班牙人等多位外国登山爱好者。

互动讨论

(1)当冰雪天气来临,我们在野外如何防止冻伤?冻伤之后又该如何处理?

(2)我们如何科学有效地应对暴风雪的袭击?

(3)当被困风雪之中,我们该如何最大限度地延续自己的生命?

知识加油站

野外冻伤时该怎么办

身体循环系统的末端如手指、脚趾、耳朵、鼻子等,因长时间暴露在冰冷或恶劣的气候环境中,或者接触冰雪会产生皮肤或皮下组织冻结伤害。冻伤的一般症状:患处刺痛并逐渐发麻,皮肤感觉僵硬,皮肤苍白或有蓝色斑点、患处移动困难或迟钝。初期是皮肤深部冻伤,很难分辨出来,其症状相差不大。此外,冻伤可能伴随失温现象,急救时应先处理后者。若只有冻伤现象,应慢慢地温暖患处,以防止深层组织继续遭到破坏。急救措施:应尽快将患者移往温暖的帐篷或屋中,轻轻脱下伤处的衣物及任何束缚物,如戒指、手表等,可用皮肤对皮肤的传热方式温暖患处,或浸入温水中。冻伤的耳鼻或脸,可用温毛巾覆盖,水温以伤者能接受为宜,再慢慢升高。如果在 1 小时内患处已恢复血色及感觉,即可停止加温的急救动作。其次,抬高患处以减轻肿痛。最后,以纱布三角巾或软质衣物包裹或轻盖患部。除非必要,尽可能注意不可摩擦或按摩患处,亦不可以辐射热使患处温暖。温暖后的患处不宜再暴露于寒冷中,也不要以解冻的脚走路。

冻伤的治疗方法

1.轻度冻伤治疗方法

对于一些轻度冻伤患者可以每天用温水浸泡患处,浸泡后用毛巾或柔软的干布进行局部按摩,也可用花椒或辣椒秸煮水浸泡患处或用生姜涂擦局部,这些方法对于治疗都有一定的作用。但是切忌用火烤和雪水按摩。冻伤处如果已经腐烂或者感染,可在伤口局部用65%～75%酒精或1%的新洁尔灭消毒,并且要及时排出水泡内的液体,然后在外面涂上冻疮膏,同时作好保暖。必要时应用抗生素及破伤风抗毒素。

2.严重冻伤治疗方法

对于全身冻伤的严重冻伤者,要迅速恢复其体温。一般可先脱去或剪掉患者的湿冷衣裤,在被褥中保暖。如果冻伤者冻伤的是下肢,为防止解冻后再遇冷使冻伤的地方受损加重,此时要尽快到医院进行治疗。被冻的时间越长,对组织的损害就越大,治疗的难度也会相应增大。对于不立即解冻的受冻部分,也要作一些简单的处理,可轻轻地清洁伤处并保持伤处的干燥,或用无菌绷带保护直至温暖、解冻,并且要注意伤者的全身保暖,这样可以有利于减轻伤者的病痛,也可防止伤痛加重。

另外,还要注意冻伤者的营养和精神状态,冻伤者治疗时间一般都很长,冻伤手术一般会尽可能地推迟,因此要使伤者有一个良好的心态,这样才更有利于其身体的恢复。

专家引路

如何科学应对突袭的暴风雪

(1)对于突如其来的暴风雪,人们往往会没有心理准备。面对突来的暴风雪,人们应尽量待在室内,不要外出。如果已经在室外,要远离广告牌、临时搭建物和老树等处,避免砸伤。路过桥下、屋檐等处时,要小心观察或绕道通过,以免因冰凌融化脱落伤人。

(2)暴风雪突然袭来时如果你正在机动车上,可以给机动车的轮胎少量放气,这样是为了增加轮胎与路面的摩擦力,减少因雪天路滑而发生的交通事故。并且这时要听从交通民警指挥,服从交通疏导安排。如果被困在车上,应保持体力,不要盲目走动,待在车中最安全,贸然离开车辆寻求帮助十分危险。开动发动机提供热量,注意开窗透气。燃料耗尽后,尽可能裹紧能够防寒的东西,并在车内不停地活动。如果孤身一人处于茫茫雪原或山野,露天受冻或过度活动会使体能迅速消耗,此时应该减去身上不必要的负重,在合适的地域挖个雪洞藏身,洞内温度比洞外高,一般可避免伤亡。只要物质充分,这样的方法可以坚持几天时间。

(3)调整心态,适时休息。遭遇暴风雪时,由于恐惧、孤独、疲劳,易造成生理和心理素质下降,此时保持稳定的心态、正确判断方位极为重要。疲劳时要适时休息,走到筋疲力尽时才休息十分危险,许多人一睡过去就不再醒来。正确的方法是走一段,停下来休息一会儿,调整呼吸,休息时手脚要经常活动并按摩脸部。

(4)尽量保持身体干燥,湿衣服散热是干衣服的240倍。喝热饮有助于保持体温。防寒衣物以毛皮、羽绒物为好。

(5)暴风雪发生以后如果你所在的地区发生断电事故,要及时报告电力部门,这样可以方便他们迅速处理。

风雪围困时延缓生命的方法

暴风雪发生时都是大风夹带暴雪,这时如果发现自己被风雪围困且不能脱险,要采取延缓时间的自救。

(1)要尽量闭严嘴,这样是为了防止风和雪灌入口中,以免引起呼吸道堵塞。只要呼吸道畅通就可以有效延长生命,也就可以有机会脱离暴雪围困的危险。

(2)暴雪包围以后要注意节省自己的体力,如果因体力不支而发生晕倒或昏迷的事故就更危险了。因此,切记不要乱喊,节省氧气,

保存自己的体力,等待时机以待救助。

(3)要注意观察自己所处的环境,努力创造出有利于自己生存的环境,还有就是要注意是否有人路过,这样可以更好地解救自己。

(4)暴雪发生时要做好防寒,千万不要站着不动,否则会冻伤的,要经常搓搓手做好保暖,并尽快回到安全的地方。要尽快拨打110、119等报警电话,积极寻求救援。

雪崩紧急自救

遇上雪崩是很危险的,在雪地活动的人必须注意以下几点。

(1)探险者应避免走雪崩区。实在无法避免时,应采取横穿路线,切不可顺着雪崩槽攀登。在横穿时要以最快的速度走过,并设专门的瞭望哨紧盯雪崩可能的发生区,一有雪崩迹象或已发生雪崩要大声警告,以便赶紧采取自救措施。

(2)大雪刚过,或连续下几场雪后切勿上山。此时,新下的雪或上层的积雪很不牢固,稍有扰动足以触发雪崩。大雪之后常常伴有好天气,必须放弃好天气等待雪崩过去后外出。如必须穿越雪崩区,应在上午10时以后再穿越。因为,此时太阳已照射雪山一段时间了,若有雪崩发生的话也多在此时以前,这样也可以减少危险。

(3)天气时冷时暖,或春天天气转晴开始融雪时,积雪变得很不稳固,很容易发生雪崩,不要在陡坡上活动。因为雪崩通常是向下移动,在1∶5坡度的斜坡上,即可发生雪崩。高山探险时,无论是选择登山路线或营地,应尽量避免背风坡。因为背风坡容易积累从迎风坡吹来的积雪,也容易发生雪崩。

(4)如必须穿越斜坡地带,切勿单独行动,也不要挤在一起行动,应一个接一个地走,后一个出发的人应与前一个保持一段可观察到的安全距离,最好每一个队员身上系一根红布条,以备万一遭遇雪崩时易于被发现。

急救措施

(1)判断当时形势,马上远离雪崩的路线。

(2)出于本能,会直朝山下跑,但冰雪也向山下崩落,而且时速达到 200 千米,向下跑反而危险,可能会被冰雪埋住。向旁边跑较为安全,这样可以避开雪崩,或者能跑到较高的地方。

(3)抛弃身上所有笨重物,如背包、滑雪板、滑雪杖等。带着这些物件,倘若陷在雪中,活动起来会更加困难。切勿用滑雪的办法逃生。不过如处于雪崩路线的边缘,则可及时逃出险境。

(4)如果被雪崩赶上,无法摆脱,切记闭口屏息,以免冰雪涌入咽喉和肺引发窒息。抓紧山坡旁任何稳固的东西,如矗立的岩石之类。即使有一阵子陷入其中,但冰雪终究会泻完,那时便可脱险了。

(5)如果被雪崩冲下山坡,要尽力爬上雪堆表面。用爬行姿势在雪崩面的底部活动,休息时尽可能在身边造一个大的洞穴。在雪凝固前,试着到达表面。扔掉你一直不能放弃的工具箱,它将在你被挖出时妨碍你抽身。节省力气,当听到有人来时大声呼叫。同时以俯泳、仰泳或狗爬法逆流而上,逃向雪流的边缘。

(6)被雪掩埋时,冷静下来,让口水流出从而判断上下方,判断自己身体是否倒置,弄明白后奋力向上挖掘。逆流而上时,也许要用双手挡住石头和冰块,但一定要设法爬上雪堆表面。如果冲不出去,保存力气、放慢呼吸节省氧气,等待救援。

 你来思考

要是电影《后天》里的冰雪灾害真的发生了,你知道怎么保护好自己和家人吗?野外冻伤后怎么保护自己?雪灾来临前应怎样做好准备,雪灾后又如何预防疾病的发生?被暴风雪围困时怎样自救?一起回忆一下吧。

 小贴士

如何预防雪盲症

"雪盲"又称"日光眼炎",是阳光中的紫外线经雪地表面的强烈反射对眼部造成的伤害,有眼红、怕光、流泪、异物感、视物不清等症状。持续降雪以后,人们长时间在雪天里行走,就有可能引起雪盲症。大雪天在外工作或玩耍需要警惕发生"雪盲",在雪灾发生时雪盲症的患者会增多,因此在雪灾过后要注意保护眼睛。

为防止雪面反射的强光造成的"雪盲",建议长时间与积雪打交道的人员戴上防护墨镜。若发生"雪盲",首先用冷开水或眼药水清洗眼睛,然后用眼罩或干净手帕、纱布等轻轻敷住眼睛,尽量闭眼休息。"雪盲"症状通常需要5~7天才会消除。

147

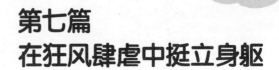

第七篇
在狂风肆虐中挺立身躯
——面对风灾的紧急避险自救

　　一天，风娃娃要和太阳公公比赛。太阳公公说："好的，我们现在就来比试比试。你瞧，路上不是有一个人吗？那我们比比谁能让那个人把身上的外衣脱掉，谁的力量就是最大的。"风娃娃费了九牛二虎之力，只见那个行人并没有把外衣脱掉，而是把衣服裹得更紧了。风儿只好就此罢休。这时太阳公公面带善意地微笑说："看我的。"它把那金色阳光洒向大地，那个人带着松懈的笑容伸伸胳膊，他感觉有点热，就把扣子解开了，太阳又一次把他的光芒给大地披上，不一会儿那个人觉得酷热难耐，顺势就把外衣脱掉了，还坐在了路边的树荫下乘凉。比赛完了，风输了。

一、肆虐人类家园的恶魔——风灾

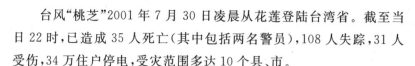

台风"桃芝"2001年7月30日凌晨从花莲登陆台湾省。截至当日22时,已造成35人死亡(其中包括两名警员),108人失踪,31人受伤,34万住户停电,受灾范围多达10个县、市。

2010年9月19日,11号台风"凡亚比"从花莲登陆,导致台湾南部暴雨成灾,造成人员伤亡和基础设施严重损毁及工农业损失。20日早晨在福建二次登陆,狂风暴雨给福建和广东也造成了严重的灾情。

互动讨论

(1)什么是风灾?

(2)台风和龙卷风是怎么形成的?

(3)台风和龙卷风有哪些危害?

(4)风对人类有好处吗?

(5)你还听说过哪些风灾的新闻?

(6)你知道台风新闻中那些台风的名字是怎么来的吗?

知识加油站

风对人类的生活具有很大影响,它可以用来发电,帮助制冷和传授植物花粉。但是,当风速和风力超过一定限度时,它也可以给人类带来巨大灾害。学习和了解风的基本知识,掌握对风灾防护的方法是提高防护技能的一种重要途径。

台风是热带气旋的一个类别。在气象学上,按世界气象组织定义:热带气旋中心持续风速达到12级(即每秒32.7米或以上)称为飓风(Hurricane),飓风一词一般使用于北大西洋及东太平洋;而北太平洋西部(赤道以北,国际日期变更线以西,东经100°以东)叫台风(Typhoon)。

151

风灾现场

1. 风灾释义

风灾，是指因暴风、台风或飓风过境而造成的灾害。

平均风力达 6 级或以上（即风速 10.8 米每秒以上），瞬时风力达 8 级或以上（风速大于 17.8 米每秒），以及对生活、生产产生严重影响的风称为大风。大风除有时会造成少量人口伤亡、失踪外，主要破坏房屋、车辆、船舶、树木、农作物以及通信设施、电力设施等，由此造成的灾害为风灾。

对于风灾，中国典籍中多有记载。《吕氏春秋·仲秋》："行冬令，则风灾数起，收雷先行，草木早死。"《后汉书·西域传论》："梯山、栈谷绳行、沙度之道，身热、首痛、风灾、鬼难之域，莫不备写情形，审求根实。"《晋书·五行志（上）》："七月乙丑，淮北风灾，大水杀人。"

2. 风灾基本知识

风灾与风向、风力、风级和风速等具有密切关系。

风向是指风吹来的方向，例如，由北方吹来的风叫北风。风向通常可由风向标等观察出来。风向标箭头指向的风向就是风吹来的方向。

风力是指风的力量。风力的大小与风速大小成正比。

风级,风力的等级,一般分为12级,每秒0.2米以下的风是零级风,32.6米以上的风是12级风。

按风力的大小,还可分为无风、软风、轻风、微风、和风、劲风、强风、疾风、大风、烈风、狂风、暴风和飓风。

大风等级采用蒲福风力等级标准划分。风灾灾害等级一般可划分为3级。一般大风:相当6～8级大风,主要破坏农作物,对工程设施一般不会造成破坏。较强大风:相当9～11级大风,除破坏农作物、林木外,对工程设施可造成不同程度的破坏。特强大风:相当于12级及以上大风,除破坏农作物、林木外,对工程设施和船舶、车辆等可造成严重破坏,并严重威胁人员生命安全。

风级表

名称	风力等级	风速（米/秒）	海面情况	地面情况
无风	0	0～0.2	静	静烟直上
软风	1	0.3～1.5	渔船略觉摇动	烟能表示方向,树叶略有摇动
轻风	2	1.6～3.3	渔船张帆时,可以随风移动,每小时2～3千米	人的脸感觉有风,树叶有微响,旗子开始飘动
微风	3	3.4～5.4	渔船渐觉簸动,每小时随风移动5～6千米	树叶和很细的树枝摇动不息,旗子展开
和风	4	5.5～7.9	渔船满帆时,船身向一侧倾斜	能吹起地面上的灰尘和纸张,小树枝摇动
劲风	5	8.0～10.7	渔船缩帆(即收去帆的一部分)	有叶的小树摇摆,内陆的水面有小波
强风	6	10.8～13.8	渔船加倍缩帆,捕鱼须注意风险	大树枝摇动,电线呼呼有声,举伞困难
疾风	7	13.9～17.1	渔船停息港中,在海面上的渔船应下锚	全树摇动,迎风步行感觉不便
大风	8	17.2～20.7	近港的渔船都停留港内不出来	折毁小树枝,迎风步行感到阻力很大

153

（续表）

名称	风力等级	风速（米/秒）	海面情况	地面情况
烈风	9	20.8～24.4	机帆船航行困难	烟囱顶部和平瓦移动,小房子被破坏
狂风	10	24.5～28.4	机帆船航行很危险	陆地上少见,能将树木拔起或把建筑物摧毁
暴风	11	28.5～32.6	机帆船遇到这种风极危险	陆地上很少见,有则必有严重灾害
飓风	12	大于32.6	海浪滔天	陆地上绝少见,摧毁力极大

3. 常见风型

暴风是指大而急的风,高出地面 10 米,平均风速 28.5～32.6 米/秒。暴风往往与雨相伴,时间较为短促。

台风是指发生在太平洋西部海洋和南海海上的热带空气涡旋,是一种极猛烈的风暴,风力常达 10 级以上,同时伴有暴雨。夏秋两季常侵袭我国。

飓风是指发生在大西洋西部的热带空气涡旋,是一种极强烈的风暴,也就是发生于西太平洋上的台风。高出地面 10 米,平均风速大于 32.7 米/秒。

龙卷风,是指风力极强而范围不大的旋风,是从积雨云中下伸的漏斗状云体,轴线一般垂直于地面,在发展的后期因上下层风速相差较大可呈倾斜状或弯曲状。在陆地上,龙卷风能把大树连根拔起来,毁坏各种建筑物和农作物,甚至把人、畜一并升起;在海洋上,可以把海水吸到空中形成水柱。这种风少见,范围小,但造成的灾情很严重。

掌握防范台风灾害的避险技巧

1. 台风的由来

台风是一个强烈的热带气旋。它好比水中的漩涡,是在热带洋面上绕着自己的中心急速旋转同时又向前移动的空气涡旋。台风来临时常伴在狂风暴雨,在移动时像陀螺,人们有时把它比作"空气陀螺"。

2.台风的形成

台风发生、发展的必要条件主要有四个,分别是热力条件、初始扰动、一定的地转偏向力的作用以及很小的对流层风速垂直切变。

(1)首先要有足够广阔的热带洋面,这个洋面不仅要求海水表面温度要高于26.5℃,而且在60米深的一层海水里,水温都要超过这个数值。其中广阔的洋面是形成台风的必要自然环境,因为台风内部空气分子间的摩擦,每天平均要消耗3100~4000卡/平方厘米的能量,这个巨大的能量只有广阔的热带海洋释放出的潜热才可能供应。另外,热带气旋周围旋转的强风,会引起中心附近的海水翻腾,在气压降得很低的台风中心甚至可以造成海洋表面向上涌起,继而又向四周散开,于是海水从台风中心向四周翻腾。这种海水翻腾现象能影响到60米的深度。在海水温度低于26.5℃的海洋面上,因热能不够,台风很难维持。为了确保在这种翻腾作用过程中,海面温度始终在26.5℃以上,这个暖水层必须有60米左右的厚度。

(2)在台风形成之前,预先要有一个弱的热带涡旋存在,即初始扰动。初始扰动就像是一个导火线,使不稳定大气中的不稳定能量得以触发、释放。而最常见的初始扰动就是辐合气流形成的涡旋。我们知道,任何一部机器的运转都要消耗能量,这就要有能量来源。台风也是一部"热机",它以如此巨大的规模和速度转动要消耗大量的能量,因此要有能量来源。台风的能量是来自热带海洋上的水汽。在一个事先已经存在的热带涡旋里,涡旋内的气压比四周低,周围的空气挟带大量的水汽流向涡旋中心,并在涡旋区内产生向上运动;湿空气上升,水汽凝结,释放出巨大的凝结潜热,才能促使台风这部"大机器"运转。所以,即使有了高温高湿的热带洋面供应水汽,如果没有空气强烈上升,产生凝结释放潜热的过程,台风也不可能形成。所以,空气的上升运动是生成和维持台风的一个重要因素。然而,其必要条件则是先存在一个弱的热带涡旋。

(3)要有足够大的地球自转偏向力。因赤道的地转偏向力为零，而向两极逐渐增大，故台风发生地点大约距赤道 5 个纬度以上。地球在自转的过程中，会产生一个使空气流向改变的力，称为"地球自转偏向力"。在旋转的地球上，地球自转的作用使周围空气很难直接流进低气压，在北半球是沿着低气压的中心作逆时针方向旋转，在南半球则是顺时针旋转。

(4)对流层垂直风速切变要尽可能小。在弱低压上方，高低空之间的风向风速差别要小。在这种情况下，上下空气柱一致行动，高层空气中热量容易积聚，从而增暖。气旋一旦生成，摩擦层以上的环境气流将沿等压线流动，高层增暖作用也就能进一步完成。20°N 以北地区的气候条件发生了变化，主要是高层风很大，不利于增暖，台风不易出现。

高层辐散，空气流走，必然会吸引低层的空气上升补充；低层空气上升了，低层扰动中心的气压又降低了，于是会吸引周围的空气向这里汇聚，产生辐合。低层的辐合，又供给了积云对流发展所需的水汽，积云对流发展释放出的凝结潜热又不断加热高层的空气，使之气压升高。如此循环下去，导致扰动不断地发展最终形成台风。上面所讲的只是台风产生的必要条件，具备这些条件，不等于就有台风发生。台风发生是一个复杂的过程，至今尚未彻底搞清。

3.台风的命名和除名

台风是指亚洲太平洋及印度洋海域的旋风。发生地点、时间不同，其叫法不同。

(1)印度洋和北太平洋西部、国际日期变更线以西，包括南中国海范围内发生的热带气旋称为"台风"，比如在东亚、东南亚一带就称为"台风"。

(2)而大西洋或北太平洋东部的热带气旋则称"飓风"，也就是说，台风在欧洲、北美一带称"飓风"。

(3)在菲律宾被称作"碧瑶风"。

(4)在孟加拉湾地区被称作"气旋性风暴"。

(5)在印度半岛被称作"热带气旋"。

(6)在澳洲被称作"畏来风"。

(7)墨西哥人则称之为"鞭打"。

(8)在南半球则称"气旋"。

"台风"不是音译词,英文中 Typhoon 是根据中文发音 Taifeng 音译过去的。台风,英文叫 Typhoon,希腊语、阿拉伯语叫 Tufan,发音都和中文特别相似,在阿拉伯语和英语中都是风神的意思。

《科技术语研究》2006 年第 8 卷第 2 期刊登了王存忠《台风名词探源及其命名原则》一文。文中论及"台风一词的历史沿革",作者认为,在古代,人们把台风叫飓风,到了明末清初才开始使用飙风(1956 年,飙风简化为台风)这一名称,飓风的意义就转为寒潮大风或非台风性大风的统称。关于台风的来历,有两类说法。第一类是"转音说",包括三种:一是由广东话"大风"演变而来,二是由闽南话"风筛"演变而来,三是荷兰人占领台湾期间根据希腊史诗《神权史》中的人物泰丰 Typhoon 而命名。第二类是"源地说",也就是根据台风的来源地赋予其名称。由于台湾位于太平洋和南海大部分台风北上的要冲,很多台风是穿过台湾海峡进入大陆的。从大陆方向上看,这种风暴来自台湾,称其为台风就是很自然的事了。

据专家介绍,西北太平洋地区是世界上台风(热带风暴)活动最频繁的地区,每年登陆我国的就有六七个之多。多年来,有关国家和地区对出没这里的热带风暴叫法不一,同一台风往往有几个称呼。我国按其发生的区域和时间先后进行四码编号,前两位为年份,后两位为顺序号。设在日本东京的世界气象组织属下的亚太区域专业气象台的台风中心,则以进入东经 180°、赤道以北的先后顺序编号。美国关岛海军联合台风警报中心则用英美国家的人名命名,国际传媒在报道中也常用关岛的命名。还有一些国家或地区对影响本区的台风自行取名。为了避免名称混乱,有关国家和地区举行专门会议决定,凡是活跃在西北太平洋地区的台风(热带风暴),一律使用亚太 14 个国家(地区)共同认可、具有亚太区域特色的一套新名称,以便于各国人民防台抗灾、加强国际区域合作。

在最初一套由 14 个成员提出的 140 个台风名称中,除了中国香港、中国澳门各有 10 个外,中国大陆提出的 10 个是:龙王、(孙)悟

157

空、玉兔、海燕、风神、海神、杜鹃、电母、海马和海棠。台风威马逊是泰国命名的,含义是"雷神";台风查特安是美国人给取的名,意思是"雨";而曾登陆台湾的第8号热带风暴"娜基莉",是柬埔寨一种花的名字。热带风暴加强后就会成为台风。

世界气象组织台风委员会第31届会议决定西北太平洋和南海热带气旋命名系统从2000年1月开始执行。

对于造成严重灾害的热带气旋,台风委员会将对该热带气旋使用的名字从命名表中剔除,代之以另一个首字母相同的名字。而被剔除的该热带气旋名称单独保留,将永远钉在灾害史的耻辱架上。例如:

2010年的11号超强台风"凡亚比"在中国东南部、中国台湾总共造成101人死亡,41人失踪,因灾伤病328人,紧急转移安置12.9万人,直接经济损失51.5亿元人民币。其替补名为"莱伊(Rai)"。

2009年的8号台风"莫拉克"造成台、闽、浙、赣重大的损失,遇难人数600人以上,8000余人被困,造成中国台湾损失数百亿台币,中国大陆损失近百亿人民币。其替补名为"艾莎尼(Atsani)"。

2009年的16号台风"凯萨娜"造成菲律宾、南海诸岛、越南共计402人死亡,造成农业经济损失重大。其替补名为"蔷琶(Champi)"。

4. 台风特点及热带气旋分类

台风发生的规律及其特点主要有以下几点。

一是有季节性。台风(包括热带风暴)一般发生在夏秋季之间,最早发生在五月初,最迟发生在十一月。

二是台风中心登陆地点难准确预报。台风的风向时有变化,常出人预料,台风中心登陆地点往往与预报相左。

三是台风具有旋转性。其登陆时的风向一般先北后南。

四是损毁性严重。对不坚固的建筑物、架空的各种线路、树木、海上船只、海上网箱养鱼、海边农作物等破坏性很大。

五是强台风发生常伴有大暴雨、大海潮、大海啸。

六是强台风发生时,人力不可抗拒。易造成人员伤亡。

中国把进入东经150°以西、北纬10°以北、近中心最大风力大于8

级的热带低压,按每年出现的先后顺序编号,这就是我们从广播、电视里听到或看到的"今年第×号台风(热带风暴、强热带风暴)"。

台风实际上是一种强热带气旋。过去我国习惯称海温高于26℃的热带洋面上发展的热带气旋(Tropical Cyclones)为台风。热带气旋按照其强度的不同,依次可分为六个等级:热带低压、热带风暴、强热带风暴、台风、强台风和超强台风。1989年起我国采用国际热带气旋名称和等级标准。

中国的热带气旋等级表

名称	中心附近最大风速(米/秒)	相当风力(级)
热带低压 (Tropical Depression)	10.8～17.1	6～7
热带风暴 (Tropical Storm)	17.2～24.4	8～9
强热带风暴 (Severe Tropical Storm)	24.5～32.6	10～11
台风 (Typhoon)	32.7～41.4	12～13
强台风 (Severe Typhoon)	41.5～50.9	14～15
超强台风 (Super Typhoon)	≥51.0	≥16

5.台风的结构

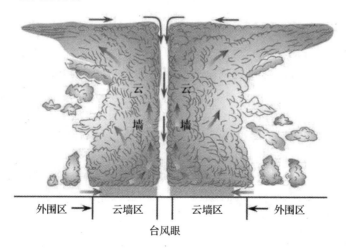

外围区　→　云墙区　｜　云墙区　←　外围区

台风眼

159

台风的范围很大,它的直径常从几百千米到上千千米,垂直厚度为十余千米,垂直与水平范围之比约1：50。

台风在水平方向上一般可分为台风外围、台风本体和台风中心三部分。台风外围是螺旋云带,直径通常为400～600千米,有时可达800～1000千米;台风本体是涡旋区,也叫云墙区,它由一些高大的对流云组成,其直径一般为200千米,有时可达400千米;台风中心到台风眼区,其直径一般为10～60千米,大的超过100千米,小的不到10千米,绝大多数呈圆形,也有椭圆形或不规则的。

台风在垂直方向上分为流入层、中间层和流出层三部分。从海面到3千米高度为流入层,3～8千米高度为中间层,从8千米高度到台风顶是流出层。在流入层,四周的空气以逆时针(在北半球)方向向内流入,愈近中心风速愈大,把大量水汽自台风外输入台风内部;中间层气流主要是围绕中心运动,底层流入现象在云墙区基本停止,随后气流环绕眼壁作螺旋式上升运动;中间层上升气流到达流出层时便向外扩散,流出的空气一部分与四周空气混合后下沉到底层,一部分在眼区下沉,组成了台风的垂直环流区。台风的气温愈到中心愈高,气压愈到中心愈低。

依据台风的卫星云图和雷达回波,发展成熟的台风云系由外向内有:

(1)外螺旋云带:由层积云或浓积云组成,以较小的角度旋向台风内部。

(2)内螺旋云带:一般由数条积雨云或浓积云组成的云带直接卷入台风内部。

(3)云墙:由高耸的积雨云组成的围绕台风中心的同心圆状云带,云顶高度可达12千米以上,好似一堵高耸的云墙。

(4)台风眼区:气流下沉,晴空无云。如果低层水汽充沛,逆温层以下也可能产生一些层积云和积云,但垂直发展不盛,云隙较多。台风区内水汽充沛,气流上升强烈,往往能造成大量降水(200～300毫米,甚至更多),降水属阵性,强度很大,主要发生在垂直云墙区以及内螺旋云带区,眼区一般无降水。

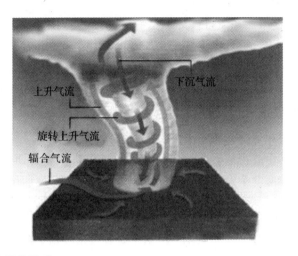

上升气流

下沉气流

旋转上升气流

辐合气流

6.台风的演变

(1)孕育阶段:经过太阳一天的照射,海面上形成了很强盛的积雨云,这些积雨云里的热空气上升,周围较冷的空气源源不绝地补充进来,再次遇热上升。如此循环,使得上方空气热、下方空气冷,上方的热空气里的水汽蒸发扩大了云带范围,云带的扩大使得这种运动更加剧烈。不断扩大的云团受到地转偏向力的影响逆时针旋转起来(在南半球是顺时针),形成热带气旋,热带气旋里旋转的空气产生的离心力把空气都往外甩,中心的空气越来越稀薄,空气压力不断变小,形成了热带低压。

(2)发展(增强)阶段:因为热带低压中心气压比外界低,所以周围空气涌向热带低压而遇热上升,同时给了热带低压较多的能量。提供的能量超过了输出能量时,热带低压里的空气会旋转得更厉害,中心最大风力随即升高,中心气压进一步降低。当中心最大风力达到一定标准时,热带低压会变为热带风暴、强热带风暴、台风,甚至强台风、超强台风。当然,这要根据能量的输入与输出比来决定,输入能量大于输出能量时台风就会增强,反之会减弱。

(3)成熟阶段:台风经过漫长的发展之路变得强大,具有造成灾害的能力,如果这时登陆就会造成重大损失。

(4)消亡阶段:台风消亡的路径有两个,第一个是台风登陆陆地后,受到地面摩擦和能量供应不足的共同影响,会迅速减弱消亡,消亡之后的残留云系可以给某地带来长时间强降雨;第二个是台风在东海北部转向,登陆韩国或穿过朝鲜海峡之后,在日本海变为温带气旋后消亡较慢。

7. 台风的分布和源地

台风的源地是指经常发生台风的海区。全球台风主要发生于8个海区。其中北半球有北太平洋西部和东部、北大西洋西部、孟加拉湾和阿拉伯海5个海区,而南半球有南太平洋西部、南印度洋西部和东部3个海区。全球每年可发生台风数十个,大洋西部发生的台风比大洋东部发生的台风多得多。其中以西北太平洋海区为最多(占36%以上),而南大西洋和东南太平洋至今尚未发现有台风生成。西北太平洋台风的源地又分三个相对集中区:菲律宾以东的洋面、关岛附近洋面和南海中部。在南海形成的台风,对我国华南一带影响重大。

台风大多数发生在南、北纬度的5°~20°,尤其是10°~20°。而在20°以外的较高纬度发生的台风只占少数,发生在5°以内赤道附近的台风极少,而现在有人根据云图分析,认为每年有2/3的台风扰动起源于非洲大陆。这些扰动一般表现为倒"V"形或旋涡状云型,它们沿东风气流向西移动,到达北大西洋中部和加勒比海时便发展成台风。北太平洋西部和南海台风的初始扰动位置也要比以前发现的位置偏东一些。

8. 台风的危害

(1)强风

台风是一个巨大的能量库,其风速都在17米/秒以上,甚至60米/秒以上。据测,当风力达到12级时,垂直于风向平面上每平方米的风压可达230公斤。

(2)暴雨

台风是非常强的降雨系统。台风登陆一次,降雨中心一天之中可降下100~300毫米的大暴雨,甚至可达500~800毫米。台风暴雨造成的洪涝灾害是最具危险性的灾害。台风暴雨强度大,洪水出现频率高,波及范围广,来势凶猛,破坏性极大。

(3)风暴潮

所谓风暴潮,就是当台风移向陆地时,由于台风的强风和低气压的作用,使海水向海岸方向强力堆积,潮位猛涨,水浪排山倒海般向海岸压去。强台风的风暴潮能使沿海水位上升 5～6 米。风暴潮与天文大潮高潮位相遇,产生高频率的潮位,导致潮水漫溢,海堤溃决,冲毁房屋和各类建筑设施,淹没城镇和农田,造成大量人员伤亡和财产损失。风暴潮还会造成海岸侵蚀,海水倒灌造成土地盐渍化等灾害。

9.台风的好处

在我国沿海地区,几乎每年夏秋两季都会遭受台风的侵袭,因此而遭受的生命财产损失也不小。作为一种灾害性天气,可以说,提起台风没有人会对它表示好感。然而,凡事都有两重性,台风是给人类带来了灾害,但假如没有台风人类将更加遭殃。科学研究发现,台风对人类起码有如下几大好处。

其一,台风这一热带风暴为人们带来了丰沛的淡水。台风给中国沿海、日本海沿岸、印度、东南亚和美国东南部带来大量的雨水,约占这些地区总降水量的 1/4 以上,对改善这些地区的淡水供应和生态环境都有十分重要的意义。

其二,台风对于调剂地球热量、维持热平衡更是功不可没。靠近赤道的热带、亚热带地区日照时间最长,干热难忍,如果没有台风来驱散这些地区的热量,那里将会更热,地表沙荒将更加严重。由于台风的活动,热带地区的热量被驱散到高纬度地区,从而使寒带地区的热量得到补偿,如果没有台风就会造成热带地区气候越来越炎热,寒带地区越来越寒冷,而地球上的温带也就不复存在了,众多的植物和动物也会因难以适应而将出现灭绝,那将是一种非常可怕的情景。我国将没有昆明这样的春城,也没有四季常青的广州,"北大仓"、内蒙古草原亦将不复存在。

其三,台风最高时速可达 200 千米以上,所到之处摧枯拉朽。这巨大的能量可以直接给人类造成灾难,但也全凭着这巨大的能量流动使地球保持着热平衡,使人类安居乐业、生生不息。

其四,台风还能增加捕鱼产量。每当台风吹袭时翻江倒海,江海底部的营养物质就被卷上来,鱼饵增多,鱼群在水面附近聚集,渔获量自然提高。

龙卷风

龙卷风(Tornado)是在极不稳定的天气下,由两股空气强烈对流运动而产生的一种伴随着高速旋转的漏斗状云柱的强风涡旋。

龙卷风外貌奇特,它上部是一块乌黑或浓灰的积雨云,下部是下垂着的形如大象鼻子的漏斗状云柱,风速一般每秒 50～100 米,有时可达每秒 300 米。由于龙卷风内部空气极为稀薄,导致温度急剧降低,促使水汽迅速凝结,这也是形成漏斗云柱的重要原因。

由雷暴云底伸展至地面的漏斗状云(龙卷)产生的强烈的旋风,其风力可达 12 级以上,一般伴有雷雨,有时也伴有冰雹。

空气绕龙卷的轴快速旋转,受龙卷中心气压极度减小的吸引,近地面几十米厚的空气内,气流从四面八方被吸入涡旋的底部,并随即变为绕轴心向上的涡流。龙卷中的风总是气旋性的,其中心的气压可以比周围气压低 10％,一般可低至 400 百帕,最低可达 200 百帕。

1.形成

龙卷风这种自然现象是云层中雷暴的产物。具体地说,龙卷风就是雷暴巨大能量中的一小部分在很小的区域内集中释放的一种形式。龙卷风的形成可以分为四个阶段。

(1)大气的不稳定性产生强烈的上升气流,由于急流中最大过境气流的影响,它被进一步加强。

(2)由于与在垂直方向上速度和方向均有切变的风相互作用,上升气流在对流层的中部开始旋转,形成中尺度气旋。

(3)随着中尺度气旋向地面发展和向上伸展,它本身变细并增强。同时,一个小面积的增强辐合,即初生的龙卷在气旋内部形成,产生气旋的同时也形成龙卷核心。

(4)龙卷核心中的旋转与气旋中的不同,它的强度足以使龙卷一直伸展到地面。当发展的涡旋到达地面高度时,地面气压急剧下降,地面风速急剧上升,形成龙卷。

2.特点

盛夏季节,当你收听台风天气预报的时候,经常可以听到"台风中心附近风力在12级以上"这样的话,似乎"12级"就是风力之"最"了。自然界中有比这更大的风吗?有,那就是龙卷风。

龙卷风俗称"龙吸水""龙摆尾""倒挂龙",等等。这也许是它漏斗状云柱的外形很像神话中的"龙"从天而降,把水吸到空中而得名的吧!实际上,它是从雷雨云底伸向地面或水面的一种范围很小而风力极大的强风旋涡。

大多数龙卷风在北半球是逆时针旋转,在南半球是顺时针,也有例外情况。龙卷风形成的确切机理仍在研究中,一般认为与大气的剧烈活动有关。

龙卷风常发生于夏季的雷雨天气,尤以下午至傍晚最为多见。

龙卷风通常是极其快速的,每秒钟100米的风速不足为奇,甚至达到每秒钟175米以上,是12级台风的6~7倍。风的范围很小,一般直径只有25~100米,只在极少数的情况下直径才达到一千米以上。从发生到消失只有几分钟,最多几十分钟。

龙卷风的力气也是很大的,常会发生拔起大树、掀翻车辆、摧毁建筑物等现象,有时把人吸走,危害十分严重。当它触及地面时,可以把人畜像开玩笑似地卷到空中再扔下来;可以"倒拔垂杨柳",摧毁建筑物,甚至像利剑似地把坚固的高楼大厦削掉一角。1956 年 9 月 24 日,上海曾出现过一次龙卷风,它竟然把一个三四层楼高的 110 吨的储油罐举到 15 米空中,然后把它甩到 100 多米以外的地方。1925 年美国曾出现过一次强大的龙卷风,造成 2000 多人伤亡。为什么龙卷风的风力这么大呢? 主要是龙卷风内的空气大量逸散,使龙卷风中心空气十分稀薄,气压很低,与外围空气的气压差特别大。台风中心和它外围空气平均每 100 千米差 20 百帕,而龙卷风中心与外围空气平均每 20 米,气压差就达 20 百帕。气压梯度越大,风力也就越大。

1879 年 5 月 30 日下午 4 时,在堪萨斯州北方的上空有两块又黑又浓的乌云合并在一起。15 分钟后在云层下端产生了旋涡。旋涡迅速增长,变成一根顶天立地的巨大风柱,在 3 个小时内像一条孽龙似的在整个州内胡作非为,所到之处无一幸免。但是,最奇怪的事是发生在刚开始的时候,在龙卷风旋涡横过一条小河,遇上一座峭壁时,旋涡便折抽西进,将西边的一座新造的 75 米长的铁路桥从石桥墩上"拔"起,然后抛到水中。

龙卷风涉及的范围很小。1927 年美国北卡罗莱纳州的一次龙卷风,在它经过的 15 平方米的范围内,大树被连根拔起,靠近这股龙卷风的地方则安然无恙。龙卷风的水平范围很小,直径从几米到几百米,平均为 250 米左右,最大为 1 千米左右;在空中直径可有几千米,最大有 10 千米。极大风速每小时可达 150 千米至 450 千米,龙卷风持续时间一般仅几分钟,最长不过几十分钟,但造成的灾害很严重。

3. 类型

(1)真正的龙卷

①多漩涡龙卷风:带有两股以上围绕同一个中心旋转的漩涡龙卷风。多漩涡结构经常出现在剧烈的龙卷风上,并且这些小漩涡在

主龙卷风经过的地区往往会造成更大的破坏。

②水龙卷(或称海龙卷,英文:Waterspout):可以简单地定义为水上的龙卷风,通常意思是在水上的非超级单体龙卷风。水龙卷的中心气压底,因此有吸引力,像注射器一样能把水以及灰尘、水汽等杂物吸上天空。由于重力,液态水不可能长时间在天上,所以吸到天上的水就形成暴雨降落下来。世界各地的海洋和湖泊等都可能出现水龙卷。一般来说,水龙卷的破坏性比陆地上的龙卷风小,但是它们仍然是相当危险的。水龙卷能吹翻小船、毁坏船只,当水龙卷吹袭陆地时会产生更大的破坏,并夺去生命。当水龙卷即将产生时或者向陆地移动时,国家气象局就会发出特殊的海上警告或龙卷风警告。2010 年 7 月 27 日早上 9 点多,在香港和深圳之间的海域上出现了难得一见的 3 条龙吸水景观,这是一次罕见的龙卷风现象。2010 年 9 月 6 日位于青藏高原、湖面海拔 3200 米的青海湖上也出现了一次龙吸水的气象景观。

③陆龙卷(英文:Landspout),用以描述一种和中尺度气旋没有关联的龙卷风。陆龙卷和水龙卷有一些相同的特点,例如,强度相对较弱、持续时间短、冷凝形成的漏斗云较小且经常不接触地面等。虽然强度相对较弱,但陆龙卷依然会带来强风和严重破坏。

④火龙卷又叫火怪、火旋风,是指当火情发生时,空气的温度和热能梯度满足某些条件,火苗形成一个垂直的漩涡,旋风般直插入天空的罕见现象。火龙卷一般只能持续几分钟,但如果风力强劲可持续更长的时间。2010 年,位于南半球的巴西遭遇罕见的干旱少雨天气,全国多地燃起了山火。8 月 24 日,巴西圣保罗市一处火点刮起了龙卷风,形成了罕见的火焰龙卷风景观。火龙卷高达数米,像一条巨大的火龙旋转前进,并阻断了一条公路。为了熄灭这条"火龙",当地出动了直升机。据悉,出现"火龙风"的地区已有 3 个月没有下雨,异常干旱的天气和强劲的风势助长了此处的火势,是导致此次火龙卷形成的直接原因。

(2)类似龙卷的现象

①阵风卷(英文:Gustnado),是一种和阵风锋(雷暴云体冷性外流气流的前缘,常以风速增强和明显降温作为主要特征)与下击暴流

（地面上水平风速大于 17.9 米/秒、中空气流向下、地面气流为辐散或直线型的灾害性风）有关的垂直方向旋转的小型气流。由于它们严格来说和云没有关联，所以就它们是否属于龙卷风还存有争议。当从雷暴中溢出的快速移动的干冷气流流经溢出边缘的静止暖湿气流时，会造成一种旋转的效果（可用"滚轴云"解释），若低层的风切变够强，这种旋转就会水平（或倾斜）进行，并影响到地面，最终的结果就是阵风卷。阵风卷的旋转方向不固定，可顺时针亦可逆时针。

②尘卷（英文：Dust Devil）也是一种柱状的垂直旋转气流，因此和龙卷风很像。然而，它们生成在晴朗的天气下，并且绝大多数情况下比最弱的龙卷风还要弱。气温较高时，如果地面因高温形成很强的上升气流，并且此时有足够的低层风切变，上升的热气流就可能做小范围的气旋运动，此时尘卷便会形成。尘卷之所以不属于龙卷风是因为它们在晴朗的天气条件下形成，而且和云没有关联。不过，它们偶尔也能引起大的破坏，尤其在干燥地区。

4. 危害

一般情况下，龙卷风是一种气旋。它在接触地面时，直径在几米到 1 千米不等，平均为几百米。龙卷风影响范围从数米到几十上百千米，所到之处万物遭劫。龙卷风的漏斗状中心由吸起的尘土和凝聚的水汽组成可见的"龙嘴"。在海洋上，尤其是在热带发生的类似景象称为海上龙卷风。

龙卷的袭击突然而猛烈，产生的风是地面上最强的。它对建筑的破坏也相当严重，经常是毁灭性的。

在强烈龙卷风的袭击下，房子屋顶会像滑翔翼般飞起来。一旦屋顶被卷走后，房子的其他部分也会跟着崩解。因此，建筑房屋时，如果能加强房顶的稳固性，将有助于防止龙卷风过境时造成的巨大损失。

在 1999 年 5 月 27 日，美国得克萨斯州中部，包括首府奥斯汀在内的 4 个县遭受特大龙卷风袭击，造成至少 32 人死亡，数十人受伤。据报道，在离奥斯汀市北部 40 英里的贾雷尔镇，有 50 多所房屋倒塌，30 多人在龙卷风袭击下丧生。

5.分级

龙卷风按它的破坏程度不同,分为0~6增强式藤田级数,简单来说就称为EF级,由1971年芝加哥大学的藤田博士提出。

EF0级:每小时100千米~140千米,可以把树枝、烟囱和路标吹跑,较轻的碎片刮起来击碎玻璃。这种级数的龙卷风破坏程度较轻,我们称之为温柔龙卷风。

EF1级:每小时141千米~190千米,可以把屋顶卷走,将活动板房吹翻,把汽车刮出路面,这种级数的龙卷风破坏程度中等,我们称之为中等龙卷风。

EF2级:每小时191千米~260千米,可以把沉重的干草包吹出去几百米远,把汽车吹翻,把大树连根拔起,把屋顶和墙壁一起吹跑。这种级数的龙卷风破坏程度较大,我们称之为较大龙卷风。

EF3级:每小时261千米~320千米,可以把房顶、墙壁和家具一起卷走,汽车全部脱离地面,货车、列车、火车全部脱轨并卷走,把树木连根拔起。这种级数的龙卷风破坏程度严重,我们称之为严重龙卷风。

EF4级:每小时321千米~430千米,把汽车卷走,把一间牢固的房子夷为平地。这种级数的龙卷风破坏程度非常严重,我们称之为破坏性龙卷风。

EF5级:每小时431千米~520千米,把大型建筑物刮起,把汽车刮飞、树木刮飞,所有家具都变成了"致命导弹"。这种级数的龙卷风破坏程度是毁灭性的,我们称之为毁灭性龙卷风。

EF6级:每小时521千米~600千米,列车、货车和火车被刮飞,汽车喷射出几千米,路面上的沥青被刮走。这种级数的龙卷风破坏程度是末日性的,我们称之为末日性龙卷风。

6.龙卷风走廊

(1)简介

龙卷风走廊地带从落基山脉延伸到阿巴拉契亚山脉,平均每年这里会形成1000次龙卷风,风速则达到500千米/小时,沿途的农田、房屋、人和牲畜都被摧毁殆尽。俄克拉荷马城和塔尔萨之间的44

号州际公路沿线被称为"I-44 龙卷风走廊",这里居住的 100 多万居民已经习惯了每年的龙卷风季节。每年春季,当来自落基山脉的干燥冷空气经过这片低地平原,与来自墨西哥湾沿岸的潮湿热空气相遇,龙卷风便如期而至。

(2)龙卷风走廊的历史危害

自 1890 年以来,前后共有 120 多场龙卷风袭击了俄克拉荷马城及周边地区。1999 年 5 月 3 日的一场龙卷风席卷俄克拉荷马城周围地区,1700 座家园被夷为平地,6500 处建筑遭到破坏。俄克拉荷马城东北同一沿道上的大部分地区也常受到龙卷风袭击。在人口为59 万的塔尔萨小城,1950～2006 年间共遭遇了 69 场龙卷风。

(3)龙卷风走廊越刮越宽

2010 年 12 月,美国科学家发现,美国南部各州的许多地方可能比堪萨斯州更容易形成龙卷风。密西西比州中南部和阿肯色州中部的一大片区域中的一些地区,每年至少有一次龙卷风在其境内经过约 40 千米的距离。除阿拉斯加州之外的美国本土 48 个州,从 1950～2007 年每平方千米的龙卷风发生率比位于龙卷风走廊中心区域的许多地方要高出约 35%。这是密西西比州立大学的地球科学家 P. Grady Dixon 与同事经过统计而确定的。这种比例类似于在大平原上的龙卷风热点地区出现的情况。

7. 龙卷风的探测

龙卷风长期以来一直是个谜,正是这样,所以有必要去了解它。龙卷风的袭击突然而猛烈,产生的风是地面最强的。由于它的出现和分散都十分突然,所以很难对它进行有效的观测。

龙卷风的风速究竟有多大? 没有人真正知道,因为龙卷风发生至消散的时间短,作用面积很小,以至于现有的探测仪器没有足够的灵敏度来对龙卷风进行准确的观测。相对来说,多普勒雷达是比较有效和常用的一种观测仪器。多普勒雷达对准龙卷风发出的微波束,微波信号被龙卷风中的碎屑和雨点反射后被雷达接收。如果龙卷风远离雷达而去,反射回的微波信号频率将向低频方向移动;反之,如果龙卷风越来越接近雷达,则反射回的信号将向高频方向移动,这种现象被称为多普勒频移。接收到信号后,雷达操作人员就可以通过分析频移数据计算出龙卷风的速度和移动方向。

你来思考

通过前面的介绍,你能回答互动讨论中的问题吗? 你知道热带气旋的分级和龙卷风的分级吗?

小贴士

台风相关词汇释义

1.热带气旋(Tropical Cyclone)

热带气旋指的是一种风暴系统,其特征是有一个低压中心,所经之地伴有大量的雷暴及狂风暴雨。根据强度的不同,热带气旋可以划分为三类:热带低压,热带风暴,以及更强的、在不同地区名字有所不同的一类风暴。

2.热带低压(Tropical Depression)

热带低压是指最大风速低于17.2米/秒的风暴系统。热带低压没有风眼,也不像更强的风暴系统那样呈螺旋状。

3.热带风暴(Tropical Storm)

热带风暴分为热带风暴和强热带风暴。我国热带风暴是指最大风速在17.2～32.6米/秒之间的强风暴系统。独特的气旋结构已经开始形成,但是还没有风眼。

4.飓风/台风(Hurricane/Typhoon)

飓风/台风是指风速至少达到32.7米/秒的风暴系统。达到这种强度的气旋发展出了风眼。在西太平洋和印度洋上生成的热带气旋被称为“台风”,而起源于大西洋、加勒比海或太平洋东部的热带气旋则被称为“飓风”。

171

5.风眼(Eye)

风眼是强热带气旋中心的一块平静区域,通常呈圆形,直径20千米～65千米。风眼四周环绕着"眼壁",即一圈剧烈雷暴区域,通常是整个热带气旋中天气最恶劣的区域。

关于台风的传说

在我国,有关于台风的神话传说很多,在浙江奉化民间有"台风被响雷压散"的传说。

传说,台风是雷公的外甥,长期在深海里闷得发慌,想到陆地上去走动走动。它一走出海洋,就又扭又转地飞奔着,顷刻之间,海面一片漆黑,浪柱越舞越高,吓得深海里的带鱼阿姨、黄鱼姑姑、海蜇妹妹、虾兵蟹将等乱逃乱躲。台风高兴了,自以为世人谁都怕它,就更加显威风,拔大树、倒房屋、毁庄稼、淹田地……

这日,天上值日的是雷公,四面巡视,忽见东南沿海一带,一派乌烟瘴气,觉得事情不妙,拿起宝镜仔细照看,见是台风作恶造孽,骂道:"这畜生疯了。"因为雷公是台风的娘舅,深知外甥生性残暴,又喜欢自吹自擂,触犯圣约天条,非教训一顿不可。雷公回到九天之上的值班殿,约上电母娘娘,拿起一柄大锤,敲响警钟和雷鼓,只见白光一闪,"轰"的一声巨响,天崩地裂,震得台风晕头转向,知道又是娘舅来修理自己了。台风自知理亏,身子不听使唤,当初的威风不知哪里去了,三十六计走为上策,就悄悄地躲回海底老家去了。于是,伴随着雷电,台风慢慢地消退了,只留下雨水滋润大地。

二、台风灾害的避险技巧

台风来临啦

2011年9月28日5时中心位于北纬17.4°,东经118°,也就是在海南文昌东南方约 800 千米的南海东部海面上,该年第 17 号台风"纳沙"来袭。中心附近最大风力 13 级(40 米/秒),7 级大风范围半径 350 千米,10 级大风范围半径 80 千米。"纳沙"以 20 千米左右的时速继续向西北偏西方移动,强度加强,而后逐渐向海南岛东部到广东西部一带沿海靠近,最后于 29 日下午到夜间在海南岛的万宁到广东阳江一带沿海地区登陆。

互动讨论

你知道在家时台风来临时需要做哪些准备吗? 台风的预警是怎么设置的?

知识加油站

我国台风预警信号及防御指南

1. 白色预警信号

定义:48 小时内可能受热带气旋影响。

白色

防御指南：

(1)警惕热带气旋对当地的影响。

(2)注意收听、收看有关媒体的报道或通过气象咨询电话等气象信息传播渠道了解热带气旋的最新情况，以决定或修改有关计划。

2.蓝色预警信号

定义：24小时内可能或者已经受热带气旋影响，沿海或者陆地平均风力达6级以上，或者阵风8级以上并可能持续。

蓝色

防御指南：

(1)政府及相关部门按照职责作好防台风准备工作。

(2)停止露天集体活动和高空等户外危险作业。

(3)相关水域水上作业和过往船舶采取积极的应对措施，如回港避风或者绕道航行等。

(4)加固门窗、围板、棚架、广告牌等易被风吹动的搭建物，切断危险的室外电源。

3.黄色预警信号

定义：24 小时内可能或者已经受热带气旋影响,沿海或者陆地平均风力达 8 级以上,或者阵风 10 级以上并可能持续。

黄色

防御指南：

(1)政府及相关部门按照职责作好防台风应急准备工作。

(2)停止室内外大型集会和高空等户外危险作业。

(3)相关水域水上作业和过往船舶采取积极的应对措施,加固港口设施,防止船舶走锚、搁浅和碰撞。

(4)加固或者拆除易被风吹动的搭建物,人员切勿随意外出,确保老人小孩留在家中最安全的地方,危房内的人员及时转移。

4.橙色预警信号

定义:12 小时内可能或者已经受热带气旋影响,沿海或者陆地平均风力达 10 级以上,或者阵风 12 级以上并可能持续。

橙色

防御指南：

（1）政府及相关部门按照职责作好防台风抢险应急工作。

（2）停止室内外大型集会、停课、停业（除特殊行业外）。

（3）相关应急处置部门和抢险单位加强值班，密切监视灾情，落实应对措施。

（4）相关水域水上作业和过往船舶应当回港避风，加固港口设施，防止船舶走锚、搁浅和碰撞。

（5）加固或者拆除易被风吹动的搭建物，人员应当尽可能待在防风安全的地方，当台风中心经过时风力会减小或者静止一段时间，切记强风将会突然吹袭，应当继续留在安全处避风，危房内的人员及时转移。

（6）相关地区应当注意防范强降水可能引发的山洪、地质灾害。

5.红色预警信号

定义：6小时内可能或者已经受热带气旋影响，沿海或者陆地平均风力达12级以上，或者阵风达14级以上并可能持续。

红色

防御指南：

（1）政府及相关部门按照职责作好防台风应急和抢险工作。

（2）停止集会、停课、停业（除特殊行业外）。

（3）回港避风的船舶要视情况采取积极措施，妥善安排人员留守或者转移到安全地带。

（4）加固或者拆除易被风吹动的搭建物，人员应当待在防风安全的地方，当台风中心经过时风力会减小或者静止一段时间，切记强风将会突然吹袭,应当继续留在安全处避风,危房内的人员及时转移。

(5)相关地区应当注意防范强降水可能引发的山洪、地质灾害。

(6)台风期间尽量不要外出。大风能轻易吹翻搅拌车之类的中型汽车。

(7)台风的场面像一次大的战役。石子沙砾在这时等于枪弹,木头石块等于炮弹,对于人体和车子就是噩梦。

(8)台风时不能待在4层以下高度的房子里。若真的被迫在城市办公楼等高层建筑中避难,要远离窗户,躲在中上部楼层中的小隔间里,并准备好充足的水、食物。要关闭水、电、煤气。

专家引路

台风来袭前的预警

在台风未到以前两三天,就可以发现若干预兆,显示台风已逐渐接近。

高云出现:台风最外缘是卷云,白色羽毛状或马尾状。当此种云在某方向出现,并渐渐增厚而成为较密的卷层云时,该方向即可能有台风正渐渐接近。

雷雨停止:山地及盆地区域每日下午常有雷雨发生,如雷雨突然停止,即表示可能有台风渐近。

能见度良好:台风来临前两三天,能见度转好,远处山、树皆清晰可见。

海陆风不明显:平时日间风自海上吹向陆地,夜间自陆地吹向海上,称为海风与陆风。在台风将来临前数日,此现象即不明显。

长浪:中国近海地区,因夏季风力温和,海浪亦较平稳,当远处有台风时,波浪汹涌,渐次传至沿海地区,而有长浪现象。东部沿海一带居民,都有此种经验。

海鸣:台风渐接近,长浪亦渐大渐高且撞击海岸山崖发出吼声,东部沿岸亦常可发生,此时台风约3小时后即将到临。

骤雨忽停忽落:当高云出现后,云层渐密渐低,常有骤雨忽落忽停,这也是台风渐接近的预兆。

风向转变:我国临海地区的夏季常吹西南风,也较和缓,但如转变为东北风时,即表示台风渐接近,并已开始受到台风边缘的影响,此后风速将逐渐增强。

特殊晚霞:台风来袭前一二日,当日落时,常在西方地平线下发出数条放射状红蓝相间的美丽光芒,发射至天顶再收敛于东方与太阳对称之处,此种现象称为反暮光。

气压降低:根据以上诸现象,如果再发现气压逐渐降低,那是已进入台风边缘了。

台风中的防范措施

台风下的维多利亚港

(1)在台风来临前(平时),了解安全撤离的路径,以及政府提供的避风场所(各级政府要做好预案)。台风来临前要弄清楚自己所在区域是否是台风袭击区。

(2)尽量不要出门,并且保持镇静,尽可能远离建筑工地。

(3)一定要出行时建议乘坐火车。在航空、铁路、公路三种交通

方式中,公路交通一般受台风影响最大。如果一定要出行,建议不要自己开车,可以选择坐火车。最好不要骑自行车,能步行则步行。尽量不要打伞而是穿雨衣。要是风变大,雨伞一受力,连人带伞给吹倒也有可能。

(4)经过建筑工地时最好保持距离,因为有的工地围墙经过雨水渗透,可能会松动;还有一些围栏,也可能倒塌;一些散落在高楼上没有及时收集的材料,譬如钢管、榔头等,说不定会被风吹下;而有塔吊的地方,更要注意安全,因为如果风大,塔吊臂有可能会折断。还有些地方正在进行建筑立面整治,人们在经过脚手架时,最好绕行,不要从下面走。

(5)保持消息畅通,注意防雷电袭击。注意广播或电视里的天气情况播报。准备一个可以用电池的收音机(还有备用电池)以防断电。打雷下雨时,不要在山顶和高地停留,不要站在空旷的田野里,要避开孤立高耸凹凸的场所;不要在电线杆附近、大树下避雨或停留,也不要在没有安装避雷针的高大建筑物下避雨,同时要远离铁塔和其他较高的金属物,避开变压器、吊机、金属棚、铁栅栏、金属晒衣架,可躲在低洼处或干燥处;在雨中不要打手机;田地间劳动时,不要扛着铁锹、锄头在雨中行走,尽量扔掉铁器工具;不要在雨中狂奔,因为步子越大,通过身体的跨步电压就越大。

(6)准备蜡烛和手电筒。储备食物、饮用水、电池和急救用品。听起来可能有些夸张,但从往年台风季节的情况看,准备些干粮和饮用水绝对没错。因为受台风影响,很可能遇上停电停水,如果自家地处低洼,还可能被困上一两天,这时候,这些东西就派上用场了。虽然对新来的台风不知道有多厉害,但早作准备总是没错的。除了食品,家里最好还能准备一些诸如手电、蜡烛和蓄电的节能灯,因为万一遇上停电或是房屋进水,用电将成问题,备用的照明设施还能解决一些问题。如在夜晚出行时,这些照明设施能帮助你识别前方的路以及看清阻碍物。

(7)固定或收回屋外、阳台上的一切可移动物品,包括玩具、自行车、家具、植物等等,防止高空坠物。台风来临前应将阳台、窗外的花盆等物品移入室内,切勿随意外出,门窗应捆紧拴牢,特别应对铝合金门窗采取防护,确保安全。出行时请注意远离迎风门窗。

(8)检查门窗是否密封。如果风力过强,即便关了窗户雨水仍有可能进入屋内,因此需要准备毛巾和拖把。如果风力过强,请远离窗户等可能碎裂的物品。

(9)居住在河边或低洼地带,应预防河水泛滥,及早撤到较高地区;如果居住在移动房、海岸线上、小山上、山坡上容易被洪水或泥石流危害的房屋里,要时刻准备撤离该地。

(10)如遇洪水,关闭家中一切电源、水源、煤气。家住底层的若在台风过后回到家发现积水,必须先切断电源,再进屋收拾插线板。若发现墙壁、水龙头或其他地方"麻电",要立即报修。

(11)台风过后,仍要注意破碎的玻璃、倾倒的树或断落的电线等可能造成危险的状况。台风刮来时或台风去后常可能发生触电事故。在台风去后,禁止去电线吹落处玩耍。看到落地电线,无论电线是否扯断都不要靠近,更不要用湿竹竿、湿木杆去拨动电线。若住宅区内架空电线落地,可先在周围竖起警示标志,再拨打电力热线报修。

通过前面的介绍,你知道台风的避险小方法了么?

重要提示:受伤后不要盲目自救,请拨打120!

台风中外伤、骨折、触电等急救事故最多。外伤主要是头部外伤,被刮倒的树木、电线杆或高空坠落物如花盆、瓦片等击伤。电击伤主要是被刮倒的电线击中,或踩到掩在树木下的电线。不要打赤脚,穿雨靴最好,防雨的同时可起到绝缘作用,预防触电。走路时观察仔细再走,以免踩到电线。通过小巷时也要留心,因为围墙、电线杆倒塌的事故很容易发生。高大建筑物下注意躲避高空坠物。发生急救事故先打120,不要擅自搬动伤员或自己找车急救。因搬动不当,会对骨折患者造成神经损伤,严重时会发生瘫痪。

三、遭遇台风袭击时的逃生自救法

　　"超强台风'纳沙'正向海南袭来!"小明听到天气预报和台风预警后,赶紧打电话通知要好的同学小华和小强:"要注意啦,台风中注意逃生自救!"小华问:"台风来了,我们要怎么躲过去呢?"小明说:"最好不要出门,不要待在危房里,出门时记得约同伴一起,尽量扶着路边的固定栏杆走路,注意高空坠物,不要奔跑……"

181

互动讨论

小明说的是对的吗？在台风来袭时,你还有哪些逃生自救方法可以与大家分享?

知识加油站

台风是我国沿海地区,特别是广东、福建、浙江、江苏、上海等地经常出现的一种灾难,其发生有明显的季节性。台风来临时不但有强大的风暴,还夹带暴雨,范围可达 1000 多平方千米。不过,台风是有规律的,甚至每年的行进路线都差不多。

专家引路

台风中逃生的必备技巧

(1)外出旅游时,一定要多听天气预报,尽量躲开台风的行进路线。然而,也有不少台风是飘忽不定的,来去均无规则,但气象台会在这种台风来临前 24 小时发布预告。

(2)台风期间,尽量不要外出行走,尽量逃往坚固的建筑物中躲避,这是最保险的办法。

(3)倘若不得不外出时,应弯腰将身体紧缩成一团,一定要穿上轻便防水的鞋子和颜色鲜艳、紧身合体的衣裤,把衣服扣好或用带子扎紧,以减少受风面积。并且要穿好雨衣,戴好雨帽,系紧帽带,或者戴上头盔。

(4)行走时,应一步一步地慢慢走稳,顺风时绝对不能跑,否则就会停不下来,甚至有被刮走的危险;要尽可能抓住墙角、栅栏、柱子或其他稳固的固定物行走;在建筑物密集的街道行走时,要特别注意落下物或飞来物,以免砸伤;走到拐弯处,要停下来观察一下再走,贸然行走很可能被刮起的飞来物击伤;经过狭窄的桥或高处时,最好伏下身爬行,否则极易被刮倒或落水。

(5)如果台风期间夹着暴雨,要注意路上水的深度。10岁以下儿童切不可在水中行走,应用盆或桶之类东西载着幼儿渡过水滩。万一不慎被刮入大海,应千方百计游回岸边,无法游回时也要尽可能寻找漂浮物,以待救援。

(6)外出旅游时,听到气象台发出台风预报后,能离开台风经过地区的要尽早离开,否则应贮足罐头、饼干、饮用水等食物,并购足蜡烛、手电筒等照明用品。由于台风经过岛屿和海岸时破坏力最大,所以要尽可能远离海洋;在海边和河口低洼地区旅游时,应尽可能到远离海岸的坚固宾馆及台风庇护站躲避。

(7)若正好在野外,尽量找地势低洼处卧倒,并裹紧衣物,防止衣物鼓起导致被狂风刮走;也可以用腰带或结实的绳子把自己绑在坚固的地面附属物上,尽量不要靠近电线杆、高压塔,以免倒塌后触电或被砸伤。

(8)如果正在海上旅游,则应尽快动员船员船只驶入避风港,封住船舱,如是帆船,要尽早放下船帆;如果是开车旅游,则应将车开到地下停车场或隐蔽处;如果住在帐篷里,则应收起帐篷,到坚固结实的房屋中避风;如果已经在结实房屋里,则应小心关好窗户,在窗户上用胶布贴成米字图形,以防窗户破碎。

(9)台风在沿海地区可能会引起巨浪,淹没周围的村镇,因此尽量逃往高处,或较高的建筑物。

(10)台风的速度很快,因此不能因侥幸心理而开车逃命,在巨大的能量控制下一定非死即伤。要知道大的台风掀翻一辆大型货车简直是易如反掌。

(11)强台风过后不久,一定要在房子里或原先的藏身处待着不动。因为台风的"风眼"在上空掠过后,地面会风平浪静一段时间,但绝不能以为风暴已经结束。通常,这种平静持续不到1个小时,风就会从相反的方向以雷霆万钧之势再度横扫过来,如果你是在户外躲避,那么此时就要转移到原来避风地的对侧。

你来思考

台风中的逃生方法,你记住了么?平时可以和小伙伴们如何演练?

小贴士

相对于台风的避险技巧来说,台风的逃生自救方法则更为紧迫,需要平时多加演练,以备台风袭来时能迅速应用。

面对灾难,你首先要做到以下几点。

(1)保持镇静!这是你能战胜各种天灾人祸,完美生存下去的必要条件。

(2)自己设法(寻求他人帮助或帮助他人)脱离危险。

(3)对外求救。记住这三个电话号码:110(匪警)、119(火警)、120(医院急救)。如果你是去到境外,请先索取并牢记当地有效的应急电话号码。

四、防范龙卷风灾害的避险自救法

 走进现场

龙卷风风灾损害报道

(中新网 2012 年 3 月 29 日电)据中央通讯社报道,菲律宾中部大城巴科洛德市 29 日午后发生龙卷风,导致整座城市停电,许多地上物受损,在居民间引发恐慌。

(南方日报讯 2012 年 3 月 3 日)据中新网报道,强烈风暴产生的近百场龙卷风侵袭美国中东部几个州,导致至少 28 人死亡,并在一些地区造成严重破坏。3 日,救援人员仍在恶劣的天气情况下搜索幸存者。

 互动讨论

(1)结合第一章的风灾知识,根据上图和新闻,思考龙卷风有什么特点?

(2)龙卷风风灾有何预兆? 如何避险?

 知识加油站

龙卷风是从卷积云向地面延伸的极具破坏性的漏斗状旋转风。龙卷风的旋转速度可高达每小时 800 千米,并可在几秒钟内毁灭所有在它经过时遇到的东西。龙卷风的内部空气很稀薄,压力很低,就像一台巨大的吸尘器,把沿途的一切东西都吸到它的"漏斗"里,直到风力减弱,再把吸进去的东西抛出来。龙卷风是非常危险的,最强的龙卷风可以轻而易举地把房屋连同房屋内的一切抛向天空。

 **专家引路**

1. 龙卷风的预兆

(1)强烈的,连续旋转的乌云。

(2)在云层下的地面上,有旋转的尘土和碎片。

(3)随着冰雹和雷雨,风向在不断地转变。

(4)持久不断的隆隆雷声。

(5)在掉落在地面上的电线附近,有明亮的、蓝绿色的火花。

(6)盘旋的底云层。

2.龙卷风的防范

(1)有地下室的房屋:躲避龙卷风最安全的地方是地下室或半地下室。龙卷风袭来时应避开所有的窗户立刻进入地下室,躲在坚实的桌子或工作台下。千万不要躲在重物附近,以免龙卷风破坏了房屋的结构,造成这些重物倒塌而压在身上。

(2)没有地下室的房屋或公寓房:避开所有的窗户,立即进入一间小的、位于中间的房子,如厕所、壁橱或最底层的内部过道。脸朝下,用手护住头部,尽可能地蹲伏于地板上。用厚的垫子,如床垫或毯子盖在身上,以防掉落的碎物砸伤身子。

(3)办公楼、医院、老人院或摩天高楼:立即进入楼房中心封闭的、无窗户的区域。尽可能地避开窗户。内部楼梯过道是最好的避难所。因为在紧急情况下,它们也是进入楼房其他地方的通道。一定要避开电梯,因为一旦停电,可能被困在电梯内。

(4)活动房屋(住房拖车):在龙卷风期间,切记不可因为任何原因而停留在活动房屋内。在活动房屋外面远比在活动房屋内有更大的存活机会。如果社区有龙卷风避难所,或者附近有一个坚实的建筑物,尽可能地进去。

遵循预先操练的规定,听从负责人的指挥,有秩序地走进学校建筑内部过道或房间,躲在桌子下,用手护住头部。切记:避开窗户和大的、宽阔的房间,如体育馆或礼堂。

(5)汽车或卡车:如果龙卷风逼近,而您正行驶在路上,请尽可能地沿着与龙卷风路线垂直的方向行驶,以远离龙卷风。如果不可能,则弃车于路边安全的地方,尽快地进入附近的建筑物或低洼地带。

(6)室外:如果附近有建筑物,请立即进入。如果没有,则平躺在地上,脸朝下,用手护住头部。应就近寻找低洼地伏于地面,但切记要远离大树、汽车、电杆,以免被砸、被压和触电。

(7)购物商场:尽快地避开窗户,进入商场内部厕所、储藏室或其他封闭的地方。

(8)教堂或电影院:尽快进入内部厕所或过道。脸朝下,用手护住头部,蹲伏在地上。如果需要,则躲藏在椅子下面,以获得进一步的保护。

(9)在电杆倒、房屋塌的紧急情况下,应及时切断电源,以防止电击人体或引起火灾。

学习了上面的知识,如果你正和伙伴在河边野炊,突遇龙卷风,该如何避险自救?龙卷风有何预兆,你记得吗?

187

美国历史上十大杀人龙卷风

第十名

韦科龙卷风　时间:1953 年 5 月 11 日　发生地:韦科　藤田级数:EF5　死亡人数:114 人　受伤人数:597 人

第九名

弗林特龙卷风　时间:1953 年 6 月 8 日　发生地:弗林特　藤田级数:EF5　死亡人数:115 人　受伤人数:844 人

第八名

新里士满龙卷风　时间:1899 年 6 月 23 日　发生地:威斯康星的圣克洛湖　藤田级数:EF5　死亡人数:117 人　受伤人数:200 人

第七名

Amite/Pine/Purvis 龙卷风　时间:1908 年 6 月 24 日　发生地:路易斯安那,密西西比　藤田级数:EF4　死亡人数:143 人　受伤人数:770 人

第六名

Woodward 龙卷风　时间:1947 年 4 月 9 日　发生地:多个城市　藤田级数:EF5　死亡人数:181 人　受伤人数:970 人

第五名

盖恩斯维尔龙卷风　时间:1936 年 4 月 6 日　发生地:盖恩斯维尔　藤田级数:EF4　死亡人数:203 人　受伤人数:1600 人

第四名

Tupelo 龙卷风　时间:1936 年 4 月 5 日　发生地:科菲维尔,亚洛布沙　藤田级数:EF5　死亡人数:216 人　受伤人数:700 人

第三名

圣路易斯龙卷风　时间:1896 年 5 月 27 日　藤田级数:EF4　死亡人数:255 人　受伤人数:1000 人　(圣路易斯龙卷风发生在路易斯州大桥西边约 10 米处。沿河的建筑全部被毁掉,只有少部分钢梁大桥存留了下来)

第二名

纳奇兹龙卷风　时间:1840 年 5 月 7 日　发生地:多个城市　死亡人数:317 人　受伤人数:109 人　(纳奇兹龙卷风席卷了肯高迪亚教区、路易斯安那和密西西比州的亚当斯县。大多伤亡发生在密西西比河。1840 年美国社会当中还有相当一部分黑人奴隶,而这个数据统计仅仅是一小部分,大多数死亡或者失踪的黑人无法得知)

第一名

Tri-State 龙卷风　时间:1925 年 3 月 18 日　发生地:多个城市　藤田级数:EF5　死亡人数:695 人　受伤人数:2027 人　(从数字统计上来看,Tri-State 显然是美国历史上最猛烈的龙卷风。它在美国各州上空肆虐长达 3 个小时,速度和路程都在龙卷风史上创下了纪录)

第八篇
在滔天巨浪中逃生
——面对海啸的紧急避险自救

在地球上，大海的力量是一切自然力量中最不可捉摸的。海底下波动的暗涌能够席卷整个海洋，吞噬掉整座城市，并且它们会留下数以万计的尸体。回溯历史，海啸造成了众多耸人听闻的灾难，在几乎所有的海洋中称雄称霸，从来无敌手，从来不留情。海浪杀手，一次又一次袭击着人类。海浪本身既致命又神秘，它的时速达到每小时700千米，发作一次将会引起整个地球的震动。我们从电影《后天》中看到了滔天的巨浪几乎淹没了自由女神像，排山倒海般的海水涌进了纽约的繁华大街。这个凶猛的怪物就是地球上最凶恶的"杀手"——海啸。

一、大海发怒——海啸

海啸

2004 年 12 月 25 日是西方传统节日——圣诞节,25 日的夜晚是狂欢之夜、不眠之夜。而就在第二天,12 月 26 日,大家还沉浸在昨日的欢笑声中,朝阳如往常一样升起来,印度尼西亚苏门答腊岛附近的海域风平浪静、晴空万里,没有任何迹象表明一场灭顶之灾即将发生。

首先打破宁静的是一场来自海底的 8.9 级地震,之后又发生了 10 多次强烈余震。由强地震引发的印度洋大海啸在几分钟之内就制造了一场人间惨剧。几十米高的海浪扑向海岛及大陆,海浪冲上沿海陆地,海水涌进城市,人们一片混乱,四处逃散。当地许多地方建筑倒塌!电力和通信中断,交通陷入瘫痪,机场被迫关闭。一两个小时之后,它就波及印度洋沿岸的12个国家。印尼、斯里兰卡、印度、泰国、马尔代夫、马来西亚、缅甸、索马里等均遭到不同程度的人员和财产损失,总计遇难人数达到29.2万人。

当我们为死难者感到惋惜的同时,也为灾难中的幸存者而祝福。无论贫与富,无论名人还是普通百姓,当他们面对这滔天巨浪的时候,他们的生死际遇能给我们带来什么样的启示?

互动讨论

(1)海啸是什么?

(2)海啸的破坏力究竟有多大?

(3)海啸是怎么形成的?

(4)海啸有什么特点?

知识加油站

海啸是由水下地震、火山爆发或水下塌陷和滑坡等大地活动造成的海面恶浪,并伴随巨响的现象,是一种具有强大破坏力的海浪,是地球上最强大的自然力。海啸的波长比海洋的最大深度还要大,在海底附近传播不受阻滞,不管海洋深度如何,波都可以传播过去。海啸在海洋的传播速度大约每小时500~1000千米,而相邻两个浪头的距离可能远达500~650千米,它的这种波浪运动所卷起的海涛,波高可达数十米,并形成极具危害性的"水墙",冲上陆地后所向披靡,往往造成对生命和财产的严重摧残。

专家引路

1.海啸是如何形成的

　　水下地震、火山爆发或水下塌陷和滑坡等激起的巨浪,在涌向海湾内和海港时所形成的破坏性的大浪称为海啸。其中以地震海啸最为常见。破坏性的地震海啸,只在出现垂直断层、里氏震级大于7.0级的条件下才能发生。当海底地震导致海底变形时,变形地区附近的水体产生巨大波动,海啸就产生了。

2.引发海啸的几个条件

　　(1)地震海啸

　　第一个条件是地震发生的形式,一侧岩石圈俯冲于另一侧岩石圈之下的地震形式;第二个条件是震源深度小于60千米;第三个条件是海水深达几百米甚至几千米;第四个条件是震级在7.0级以上;第五个条件是岸边的地形条件。

　　第一个条件中,产生的地震必须把大量海水突然抬起来或大量海水突然下降,然后又向周围扩散,形成整体海水(从海面到海底)的波动。这常常发生于两个板块接触地带的断裂带:一个板块将另一个板块缓慢向下挤压,变应能越积越大,以至于上面板块遭受向下牵引而弯曲拱起,当应变积累、岩石弯曲程度增大到岩石无法承受时,这段被锁住的断层突然断开而发生错动,上面的板块反弹回原来的位置,就会引起海水巨大的波动。

　　第二个条件是震源深度。应该是浅源地震才可能形成地壳及海水的重大变化,即震源深度小于60千米的地震才会引发海啸。

　　第三个条件是水深。只有深达几百米、几千米海水的整体波动,其能量才可引起巨大破坏力。

　　第四个条件是震级。这也是一个能量问题,小的震级不足以引起海水整体波动或其波动能量不够大。一般情况下,震级在7.0及

193

以上才会形成海啸。

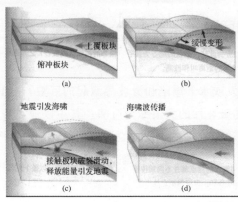

海啸的产生过程：(a)俯冲板块向上覆板块下方俯冲运动；(b)两个板块紧密接触，俯冲造成上覆板块缓慢变形，不断积蓄弹性能量；(c)能量积蓄到达极限，紧密接触的两个板块突然滑动，上覆板块"弹"起了巨大的水柱；(d)水柱向两侧传播，形成海啸，原生的海啸分裂成为两个波，一个向深海传播，一个向附近的海岸传播。向海岸传播的海啸，受到大陆架地形等影响，与海底发生相互作用，速度减慢，波长变小，振幅变得很大(可达几十米)，在岸边造成很大的破坏

地震海啸的产生过程

第五个条件是地形条件，即海底与海岸条件。我们前面讲过，海啸在大海中传播时，能量巨大，是整体海水传播，其波高不高，波长很长。海上行驶的船舶甚至觉察不到海啸的存在，不会对船舶造成破坏。但是，当它进入地形较狭窄的湾口、港口时，能量集中了，大家都挤在了一起，就会形成十到几十米高的水墙，并涌进岸上，造成建筑物损害和人员伤害。不过，如果离海岸很远，大于几百千米时，海底地形就开始有了变化，海水逐渐变浅，对海啸的能量提前造成损失，它到了岸边就是强弩之末了，这就是地形的影响。

地震海啸的产生是一个比较复杂的问题，即使同时具备了上述五个条件，但也只有一部分地震(约占海底地震总数的1/5～1/4)能产生海啸。

(2)火山海啸

火山爆发也会引起海啸，尤其是海底火山。我们知道，火山爆发是岩浆穿过地壳而上升到地球表面的自然灾害。公元前15世纪，地中海的希腊东南的锡拉岛，由于桑托林火山发生了极为猛烈的喷发，并引起海啸，其巨浪高达90多米，整个岛屿几乎被抛向空中，随后坠入海底，并波及300千米之外的北非尼罗河河谷。巨大的海啸使锡拉岛上的米若阿文化毁于一旦。

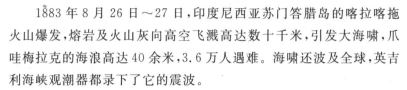

1883 年 8 月 26 日～27 日,印度尼西亚苏门答腊岛的喀拉喀拖火山爆发,熔岩及火山灰向高空飞溅高达数十千米,引发大海啸,爪哇梅拉克的海浪高达 40 余米,3.6 万人遇难。海啸还波及全球,英吉利海峡观潮器都录下了它的震波。

(3)海底塌陷或滑坡

和我们见到的陆地相同,海洋下面有山脉、高原,它们之中有大块体积处于斜坡处,如果因海底气体喷发而塌陷、滑坡也会引起海啸。1793 年 5 月,日本九州岛发生了强烈地震,有明海温泉岳的前山和主峰崩入海中,引起 30～50 米大海啸,海浪高达 55 米。1958 年 7 月 9 日,阿拉斯加的里鲁雅湾岸边大滑坡,溅起 525 米高浪,曾把两条小艇推到 500 多米的山顶。

近几十年来发现,大洋中的火山岛由火山熔岩堆积而成,其稳定性较差,容易塌陷。例如,印度洋中的留尼汪岛、西太平洋的马克萨斯群岛、南大西洋的特里斯坦—达库尼亚群岛、北大西洋的埃尔塞罗—德尔耶罗群岛等。

(4)气象因素

风暴潮是在强烈大气扰动下引起的海平面异常增高现象。因此,有人称风暴潮为风暴海啸或气象海啸。在我国历史上,常记载"海溢"、"海侵"等,而未记载其产生的原因。20 世纪 80 年代,我国决定把风暴引起的海面异常定名为"风暴潮"。

(5)核爆炸

过去,地下海洋核爆炸引起海啸。1954 年美国在比基尼岛上进行核试验,曾激起 60 米高的巨浪,并引发海啸。

(6)天体坠落

彗星、陨石如果掉入大洋中,其冲击能量也会激起海啸。当然,彗星、陨石撞击地球的可能性很小。据计算,约 5000 年才会发生一次撞击事件。如果陨石直径 1 千米,落在水深 5 千米的大洋中,可引起波高 100 余米的海啸。

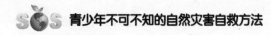

3. 海啸的特点

海啸在大海中传播时,波高不一定很高,常常为 1～2 米。但它的波长和周期很长,可达 300 千米甚至更长,可能大于海洋的最大深度。波浪在海底附近传播不受阻滞,也不易被人察觉。海啸在深海的传播速度大约每小时 700～800 千米,与大型喷气式飞机的速度相当。

海啸是海水从上到下的整体抖动,能量巨大,传播数千千米后能量损失却很小。2004 年印度尼西亚苏门答腊岛近海地震海啸的能量相当于 3 座 $1×10^6$ 千瓦的发电厂一年的发电量。海啸进入浅海或接近海岸时,由于水深变浅,波浪能量就会集中,波高突然变大,掀起的巨浪可高达十几米甚至几十米。

4. 海啸的分类

根据起源不同,海啸可分为 4 种类型。即由气象变化引起的风暴潮、火山爆发引起的火山海啸、海底滑坡引起的滑坡海啸和海底地震引起的地震海啸。

5. 地震海啸的两种表现形式

(1)"下降型"海啸:某些构造地震引起海底地壳大范围地急剧下降,海水首先向突然错动下陷的空间涌去,并在其上方出现海水大规模积聚。当涌进的海水在海底遇到阻力后,即翻回海面产生压缩波,形成长波大浪,并向四周传播与扩散。这种下降型的海底地壳运动形成的海啸在海岸首先表现为异常的退潮现象。1960 年智利地震海啸就属于此种类型。

(2)"隆起型"海啸:某些构造地震引起海底地壳大范围地急剧上升,海水也随着隆起区一起抬升,并在隆起区域上方出现大规模的海水积聚。在重力作用下,海水必须保持一个等势面以达到相对平衡,于是海水从波源区向四周扩散,形成汹涌巨浪。这种隆起型的海底地壳运动形成的海啸波在海岸首先表现为异常的涨潮现象。1983 年 5 月 26 日,日本海 7.7 级地震引起的海啸属于此种类型。

6. 海啸的等级

为了判定某次海啸发生的级别和能量的量级,国际上表示海啸大小较多采用渡边伟夫海啸等级。

海啸等级评定表

等级	海啸波高(米)	海啸能量(10^{10}焦耳)	损失程度
-1	<0.5	0.06	能量损失
0	1	0.25	轻微损失
1	2	1	损失房屋、船只
2	4~6	4	人员伤亡,房屋倒塌
3	10~20	16	≤400千米岸段严重受损,人员伤亡大,房屋毁损严重
4	≥30	64	≥500千米岸段严重受损,人员伤亡巨大,建筑物尽毁

7. 海啸的破坏力

2004年印度洋海啸前后卫星照片

2011 年日本海啸前后卫星照片

　　从上面的图片可以看出，海啸的破坏力无疑是巨大的，所到之处，植被、建筑、人畜无一幸免，惨不忍睹。

　　下面是历史上破坏巨大的海啸。

历史上破坏巨大的海啸

日期	发源地	浪高(米)	产生原因	备注
1755年11月1日	大西洋东部	5~10	地震	摧毁里斯本，死亡60000人
1868年8月13日	秘鲁-智利	>10	地震	破坏夏威夷、新西兰
1883年8月27日	印度尼西亚Krakatau	40	海底火山喷发	30000死亡
1896年6月15日	日本本州	24	地震	26000人死亡
1933年3月2日	日本本州	>20	地震	3000人死亡
1946年4月1日	阿留申群岛	>10	地震	159人死亡，损失2500万美元
1960年5月13日	智利	>10	地震	智利：909人死亡，834人失踪；日本：120人死亡；夏威夷61人死亡
1964年3月28日	美国阿拉斯加	6	地震	阿拉斯加州死亡119人，损失1亿美元
1992年9月2日	尼加拉瓜	10	地震	170人死亡，500人受伤，13000人无家可归
1992年12月2日	印度尼西亚	26	地震	137人死亡
1998年7月12日	日本	11	地震	200人死亡
1998年7月17日	巴布亚新几内亚	12	海底大滑坡	3000人死亡
2004年12月26日	印度尼西亚	>10	地震	283000人死亡

你来思考

海啸来袭之前，海潮为什么先是突然退到离沙滩很远的地方，一段时间之后海水才重新上涨？

小贴士

中国沿海地震海啸特点

从我国沿海地震海啸历史状况可以看出，海啸多发地区在台湾、海南、广东、福建沿海。是什么原因造成我国地震海啸这样分布呢？

中国沿海有两个特征。一是沿海地形，大陆架宽广而平缓，水深较浅。渤海平均水深18米，黄海平均水深44米，东海平均水深340米，南海为12000米。这和日本东岸地形形成显著对比。二是从地质构造上分析，我国除了郯城—庐江断裂带纵贯渤海外，沿海地区很少有大断裂层和断裂带，我国海域内也没有活动的板块俯冲带和深海沟构造。因此,我国海域即使发生强烈地震,一般也不会造成海底地壳大面积的垂直升降变化而引发大海啸。从 1969~1978 年我国渤海中部、广东阳江、辽宁海城、河北唐山发生的 4 次地震结果看,尽管震级均超过 6 级,也在附近海底发生强烈地震波,却均未引发海啸。

另外,太平洋地震带发生的海啸是否会传来我国沿海呢?通常不会。这是因为我国沿海有个内外屏障。外屏障有日本列岛、琉球群岛、菲律宾诸岛等,内屏障有渤海的庙岛群岛、东海的舟山群岛、南海诸岛。这两道屏障起到消波堤的作用,抵御着太平洋海啸波的冲击。

因此,不仅我国大部分近海海域不易发生地震海啸,即使远洋来的海啸也难于对我国沿海构成威胁。

二、怒发冲冠前的征兆

 走进现场

2004 年印度洋海啸中,有一位年仅 10 岁的英国小姑娘赢得了全世界的敬佩,她的名字叫蒂莉·史密斯。蒂莉是在当年圣诞节期间与家人前往泰国普吉岛度假。12 月 26 日这一天,她和家人在碧波荡漾的海水中玩耍时,突然发现海水变得有些古怪,海面上出现很多气泡,潮水也突然退了下去。她立即意识到这是发生海啸的征兆。她随即告诉了自己的父母和妹妹。她的母亲立即和所在的麦考海滩饭店的工作人员一起,将海滩边上所有的 100 余名游客及时疏散到了安全地区。就在大家离开海滩后不久,巨大的海浪奔腾而来,造成很大破坏,但没有任何人员伤亡。此海滩成为普吉岛唯一没有人员伤亡的海滩,创造了奇迹。

人们很奇怪,蒂莉为什么知道海啸就要来临呢?原来,在 3 个月前的一堂地理课上,老师播放了一段夏威夷海啸的录像,冒气泡的海

面、突然退去的潮水给她留下了深刻的印象。所以,当那一刻发生时,聪明的蒂莉第一时间预感到海啸即将到来。当她向家人和游客发出警报时,大家都不相信,情急之下,蒂莉歇斯底里大叫起来,人们这才开始紧急疏散。

为了表彰蒂莉机智勇敢的精神,英国海事学会授予她勇气奖章。当这位姑娘上台领奖时,受到了英雄般的欢呼,全场观众报以热烈的掌声。

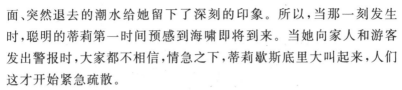

互动讨论

(1)当同样的情形出现在你身边时,你能及时发现吗?

(2)如果没有人发现海啸即将来临,将会有什么样的后果?

(3)海啸前有哪些征兆?

知识加油站

海啸的威力无疑是巨大的,如果我们能在海啸到来之前作出准确的预报和及时的疏散,将大大减少人员伤亡和财产损失。我们知道,引起海啸的主要原因是地震和火山爆发。由于目前科学技术水平的限制,要准确地预报地震和火山爆发仍然是一个难题,但并不是无迹可寻。同时由于海啸波与地震波传播速度的差异,我们拥有更多一点的时间来应对海啸的到来。

专家引路

海啸先兆

1.早期先兆

地下水异常:地下水包括井水、泉水等。地下岩层受到挤压或拉

201

伸,使地下水位上升或下降,或者使地壳内部气体和某些物质随水溢出,而使地下水冒泡、发浑、变味、升温等。

地声、地光和地形变化:地声和地光是地震前夕或地震时,从地下或地面发出的声音及光亮,是重要的临震预兆。地震发生时,一小部分地震波能量传入空气变成声波而形成声音。而在火山爆发前,地下岩浆的活动产生地应力,可使地面起伏有所改变。

生物异常:包括植物褪色、枯死与小动物的行为异常(如骚动、惶恐不安)及死亡等。自然灾害前的动物异常现象早已屡见报端。动物们为什么会出现这些异常现象呢?日本大阪大学蛋白质研究专家通过对老鼠的实验发现,在地震前地下岩层呈现出蠕动状态,断层面之间又具有强大的摩擦力,于是在摩擦的断层面上会产生一种每秒钟仅几次至十多次、低于人的听觉所能感觉到的低频声波。而那些感觉十分灵敏的动物,在感触到这种声波时,便会惊恐万分、狂躁不安,以致出现冬蛇出洞、鱼跃水面、鸡飞狗跳、猪牛跳圈,在浅海处见到深水鱼或陌生鱼群等异常现象。2004年印度洋海啸前几天,在马来西亚的吉打,来自沿海村落哥打瓜拉巫打的渔民打到的鱼是平日的3～20倍,以致他们当中虔诚的人称其为来自上帝的礼物。

2.近期先兆

地震海啸发生的最早信号是地面强烈震动。地震波与海啸的到达有一个时间差,正好有利于人们预防。地震是海啸的"排头兵",如果感觉到较强的震动,就不要靠近海边、江河的入海口。如果听到有关附近地震的报告,要做好防海啸的准备,要记住,海啸有时会在地震发生几小时后到达离震源上千千米的地方。

如果发现潮汐突然反常涨落,涨潮的时候比平时涨得高,退潮的时候也比平时退得远;海平面显著下降或者有巨浪袭来,并且有大量的水泡冒出,都应以最快速度撤离岸边。

海啸前海水异常退去时往往会把鱼虾等许多海生动物留在浅滩,场面蔚为壮观。此时千万不要前去捡鱼或看热闹,这可能是海底运动导致海底洋流变化的结果,应当迅速离开海岸,向内陆高处转移。

在海边的氢气球可以发出次声波引起的"隆、隆"声。

你能谈谈海啸前的征兆有哪些吗？

日本的防灾意识教育

20世纪70年代,日本作家小松左京的小说《日本沉没》曾引起巨大轰动,这部预言日本末日到来的作品持续再版和改编,被认为是揭示日本人内心深处危机意识的最好范例。与世隔绝的地理环境、自然资源的匮乏,加上频繁的灾害,在漫长的时间里雕塑着日本人的气质。

日本位于环太平洋地震带边缘,板块移动剧烈,地震频发,台风频袭,火山活跃。仅在20世纪,日本就遭遇过10次死亡人数超1000人的大地震,关东大地震夺走了10万人的生命。因此,在日本,防灾教育从小开始,调查显示,高达75％的小学生认为"不远的将来身边可能发生大地震",有90％的人表示"最担心的灾害是地震"。但是在日本,由恐惧而生的不是恐慌,而是从娃娃抓起的危机意识和行动。日本国民从小接受防灾教育,教科书中写有应对灾难的基本知识,学校也专门开设不同类型的防灾课程。以兵库县为例,几乎所有学校每年都要实施1~2次防灾演练,近30％的小学每年举行防灾演练4次以上。

日本政府和社会团体经常举办各种比赛来提高青少年的防灾意识。"日本防灾海报设计大赛"至今已举办了22届,每一届都会评选出符合青少年审美的防灾海报予以表彰,并颁发"日本内阁府防灾担当大臣奖"。一家日本民间机构常年举办"防灾挑战计划"活动,在全国范围内征集日常生活中有启发意义的防灾案例,并邀请当事人现

203

场分享经验。由于各地学校防灾教育能做到持之以恒,当地震来临时,教师和学生大多能迅速作出正确的避难行动。

在日本人的生活观念中,重物一般不放在高处,而放在地上或柜子里。安装电灯要非常结实,需要定期确认,有问题就赶紧维修。家家都随时备着两个防灾袋,里面的东西都很轻,以便一旦发生地震,拿起来就快跑。每户日本人家都有一张本地的《灾害时避难场所》地图,里面标明了这个地区一旦发生洪水、台风、山崩、海啸时的避难场所。

此外,日本各地均设有规模不等的公共设施——防灾馆(防灾教育中心),不少地区的防灾馆还设有"灾难模拟设施",可以让市民在体验"灾难"的过程中加深现场感。在东京池袋地区的防灾馆,市民可以在"地震""火灾"和"烟雾"的模拟场景内体验"现场逃生"。其中"地震"场景可以模拟里氏 5 级以上的震感,体验者的临场表现则会被记录在场景之外的电子大屏幕中,供体验者回顾和参考。通过这类公共设施的反复演练,日本人不但掌握了逃生技能,更重要的是对灾难有了直观感受,加强了心理预防。

204

三、防患于未然——海啸前的预防措施

2010 年 1 月 12 日,海地太子港遭遇 7 级强震,据海地政府估计遇难人数 22.26 万。2010 年 2 月 27 日,时隔一个半月智利又发生里氏 8.8 级地震,并引发海啸。3 月 17 日,智利官方公布地震和海啸的死亡人数为 795 人。但是据专家估计,智利地震的破坏性堪比 100 个海地强震,释放的能量,几乎相当于海地太子港地震的 500 倍。智利和海地相比,可以说智利创造了一个抗震奇迹。

互动讨论

(1)智利是如何有效防范超级地震海啸的?

(2)有哪些海啸预警措施?

(3)海啸来临时,我们该如何开展自救和互救呢?

知识加油站

从前面所学的知识中我们知道,引起海啸的主要原因是地震,地震的发生是不能制止的,地震的预测是极其困难的,而地震海啸的发生也是不能制止的。但是地震海啸发生后,可以通过地震海啸警报中心获取地壳运动信息,并通过电脑模拟出海啸可能形成的地点及移动方向。预警系统可以提前向可能遭受海啸袭击的国家通报海啸的规模、移动速度、可能袭击的区域及预计到达的时间,使当地政府能提前采取预防措施,减少海啸造成的人员伤亡和损失。

建立海啸预警系统的科学依据:地震波比海啸波速度快,地震波大约每小时传播 3×10^4 千米,海啸波每小时几百千米。海啸波在海洋中传播时,其波长很长,会引起海水水面大面积升高。

专家引路

环太平洋的岛弧和海沟区是全球火山和地震的多发区。世界上有记载的由大地震引起的海啸,80%以上发生在太平洋地区。在环太平洋地震带的西北太平洋海域,更是发生地震海啸的集中区域。海啸主要分布在日本太平洋沿岸,太平洋西部、南部和西南部,夏威夷群岛,中南美,北美洲。受海啸灾害最重的是日本、智利、夏威夷和阿留申群岛沿岸。

205

1.日本的海啸预警系统

日本这个地区不但海啸死亡总人数最多,而且破坏性海啸最频繁。从 1941 年开始,日本气象厅就建立了自己的海啸预警系统。1983 年日本海中部发生 7.7 级地震,监测系统向东京发出警报,专家分析并推断将发生海啸,但分析耗时 20 分钟,在政府发出警报之前,已有 100 多人被地震引起的海啸卷走。之后,日本接受这次海啸灾害的教训,改进了监测系统。1986 年安装的设备可以自动接收地震仪读数,并在 10 分钟内发出警报,但是仍不够完善。1993 年,北海道发生 7.7 级地震,几乎立即发生海啸,地震后 3 分钟涌起的高达 29 米的大浪直扑奥尻市。震后 7 分钟政府下令疏散,反应还算快捷,但已有约两百人丧生。为了更有效地预防海啸,1994 年起,日本气象厅计划建设新一代海啸预警系统,并按步骤实施,所建系统能在大地震后 3 分钟内发出可靠的地震海啸警报。如果地震一旦发生,由 150 个高精度地震监测仪和 20 个 STS-2 地震计组成的遍及全日本的地震监测网络系统不间断、实时地接受地震信息,并通过相关波形和到达时间来自动、快速确定震级和位置。同时,数据传送到电脑中进行分析,并将分析结果呈现在公众的电视上,预报海啸波高,通知人们预防海啸。日本气象厅研制的这种新的海啸预报系统是基于由新的海啸数值模拟计算出的各种结果所组成的数据库。通过这些覆盖整个日本的精确模拟的海啸预报,日本所有辖区都可以预报出准确的海啸波高和海啸到达各个地区的时间。

利用卫星发布信息:利用数值模式新方法能够更快地发布海啸警报,更准确地预报海啸到达时间和海啸波高。日本气象厅已经发展了基于卫星的紧急信息多目标发布系统,其接收设备安置在各县市的办公室、大众媒体、气象观测站等。通过卫星传输系统,海啸警报和有关地震信息都能够在海啸发生后立刻传送到接收设备。信息内容有海啸预报开始、震中和震级、海啸抵达时的观测情况及其高度、海啸警报结束。

同时,日本政府还建成了多处防潮设施(如防潮堤、防潮闸),三级避难设施和防灾司令部等。政府还通过定期发放地震防灾手册、

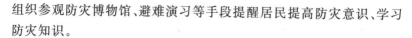
组织参观防灾博物馆、避难演习等手段提醒居民提高防灾意识、学习防灾知识。

2.美国的海啸预警系统

美国于 1948 年在夏威夷檀香山(Honolulu)附近的地震观测台组建了地震海啸预警系统,其业务仅限于夏威夷群岛,由于这以后发生了 1960 年智利大海啸和 1964 年阿拉斯加大海啸,该系统在减轻该两次海啸在夏威夷地区的灾害中发挥了显著的作用。在美国地震海啸预警系统的基础上,国际海啸预警系统于 1965 年成立,目前,由太平洋海啸预警中心(PTWC)和美国、澳大利亚、加拿大、智利、中国、日本、法国、俄罗斯、朝鲜、墨西哥、新西兰等 26 个国家和国际组织构成。太平洋海啸预警中心是国际海啸预警系统的运行中心,中国于 1983 年加入国际海啸预警系统。

参加国际海啸预警系统的成员国主要是太平洋沿岸国家和太平洋上的一些岛屿国家,该系统的主要任务是测定发生在太平洋海域及其周边地区能够产生海啸的地震的位置及其大小。如果地震的位置和大小达到了产生海啸的标准,就要向各成员国发布海啸预警信息。

国际海啸预警系统由地震与海啸监测系统、海啸预警中心和信息发布系统构成,其技术系统构成如下图所示。其中地震与海啸监测系统主要包括地震台站、地震台网中心、海洋潮汐台站。

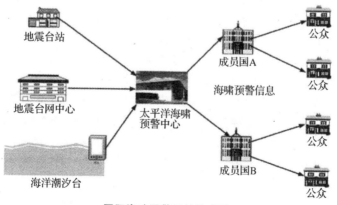

国际海啸预警系统构成图

当任何参加这个组织的地震台站监测到一次大的地震时,地震仪器触发警报,台站的值班人员立刻分析地震记录,并将他们的数据发送到PTWC。根据收到的地震台站的报告,或者根据自己的地震台站触发记录结果,PTWC的工作人员将上网查询来自美国国家地震信息中心(NEIC)的有关此次地震的邮件。如果NEIC的地震信息系统还没有发送电子邮件报告,PTWC的地球物理学家便会登陆到NEIC系统,使用国家地震台网(NSN)的数据进行地震定位。PTWC设置了警报阈值,大约6.5级或者更大地震时将激活预警系统。

地震的位置和大小确定之后,就要决定进一步的行动。如果地震是在太平洋海域内或其附近,并且震级为6.5～7.5级时(在阿留申群岛是小于或等于7.0),那么就要向预警系统的各成员国发布海啸信息公告。当地震的震级大于7.5级时(在阿留申群岛是大于7.0级),就要向各成员国和预警发布机构发出海啸预警公告,通知他们海啸可能已经形成,要求他们将预警信息转发给公众,以采取必要的防范措施。如果地震看起来足够大,能够引发海啸,并且发生在海啸可能产生的地区,PTWC会检查震中附近的潮汐台站自动发来的潮汐数据,看是否有海啸产生的迹象。如果这些数据显示海啸已经形成,并对太平洋部分或所有地区的人们构成了威胁,PTWC将发布海啸预警公告,该预警公告也可能升级为整个太平洋范围的海啸预警公告。海啸预警发布机构需要预先制订详细的应急预案,将危险地区的人们疏散。如果潮汐数据表明是一个微不足道的海啸,或者海啸还没有形成,PTWC将发布消息,取消其先前发出的海啸预警。

为了保证海啸预警系统及时、有效地运转,并将海啸预警信息迅速地向公众发布,通信系统发挥了非常重要的作用。由于这种通信并不频繁,海啸预警需要充分利用现有的通信系统,在现有的通信系统中预留一些备用频道,而不是新建一些独立的通信系统。于是,在美国国防信息系统管理局(DISA),联邦航空管理局(FAA)、国家天气服务系统(NWS)以及陆军、海军、空军、海岸警卫队,各种国际机构和私营公司管理的通信频道都可以用来处理PTWC与地震台站、海洋潮汐台站和参与预警系统的各有关机构之间的信息传输。

在没有预先通知的情况下,PTWC每月进行一次通讯系统测试,

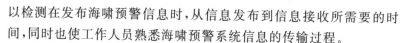

以检测在发布海啸预警信息时,从信息发布到信息接收所需要的时间,同时也使工作人员熟悉海啸预警系统信息的传输过程。

美国政府在指导公众避灾上采取政府与民间协作。在受海啸威胁大的地区,地方政府必须在接到警报后 15 分钟内启动应急机制,并疏散民众;有关地方政府及机构对海啸应急反应都有一系列要求和量化指挥,要进行达标考核;政府出资建立民间海啸避险训练学校,让民众接受避险训练。

3.中国的海啸预警系统

我国目前已经初步建立了海啸预警机制,具备了海啸预备能力。为此,我国建立了 286 个验潮站,并形成了地震局、海洋局及验潮站共同组成的海啸警报网。预报业务由国家海洋环境预备中心承担。

2005 年 11 月 15 日,由国家海洋局编制完成的《风暴潮、海啸、海冰灾害应急预案》通过国务院审议后正式印发实施。2006 年 5 月 17日,我国成功举行了首次海啸演习,此次演习是联合国教科文组织政府间海洋学委员会组织的代号为"Exercise Pacific Wave 06"海啸演习的一部分。

4.海啸时的紧急避险自救

(1)如果海啸警报响起时你正在学校上课,请听从老师和学校管理人员的指示行动。

(2)如果海啸警报响起时你在家,召集所有家庭成员一起撤离到地势高的地方,同时应大声告诉周围的人们。如果附近地势太平坦,可以进入坚固的钢筋混凝土房屋,因为不坚固的房屋在海浪冲击下会倒塌。同时听从当地救灾部门的指挥,注意不要因顾及财产损失而丧失逃生时间。

(3)如果你在海滩或靠近大海的地方感觉到地震,立即转移到高处,千万别等着海啸警报拉响了才行动。海啸来临前同样不要待在同大海相连的江河附近。近海地震引发的海啸往往在警报响起前袭来。

(4)外海海底地震引发的海啸让人有足够的时间撤离到高处,而人类有震感的近海地震往往只留给人们几分钟时间疏散。

(5)海岸线附近有不少坚固的高层饭店,如果海啸到来时来不及转移到高地,可以暂时到这些建筑的高层躲避。海边低矮的房屋往往经受不住海啸冲击,所以不要在听到警报后躲入此类建筑物。

(6)礁石和某些地形能减缓海啸冲击力,但无论怎样,巨浪对沿海居民构成严重威胁。因此在听到海啸警报后远离低洼地区是最好的求生手段。

(7)如果接到海啸预警时你在船舶上,应该让船只立即离开港湾,驶向深海区,不要停留在港口或靠岸。如果船只行驶在海面上,应避免返港或驶进岸边,因为近岸区容易形成落差、湍流甚至巨浪。

(8)如果在海啸时不幸落水。①要尽量抓住木板等漂浮物,同时注意避免与其他硬物碰撞。②在水中不要举手,也不要乱挣扎,尽量减少动作,能浮在水面随波漂流即可。这样既可以避免下沉,又能够减少无谓的体能消耗。③如果海水温度偏低,不要脱衣服。④尽量不要游泳,以防体内热量散失过快。⑤不要喝海水。海水不仅不能解渴,反而会让人出现幻觉,导致精神失常甚至死亡。⑥尽可能向其他落水者靠拢,既便于相互帮助和鼓励,又因为目标扩大更容易被救援人员发现。

(9)海啸过后积极抢救落水者,尽可能减少人员伤亡。人在海水中长时间浸泡,热量散失会造成体温下降。溺水者被救上岸后,最好能放在温水里恢复体温,没有条件时也应尽量裹上被、毯、大衣等保温。注意不要采取局部加温或按摩的办法,更不能给落水者饮酒,饮酒只能使热量更快散失。给落水者适当喝一些糖水是有好处的,可以补充体内的水分和能量。如果落水者受伤,应采取止血、包扎、固定等急救措施,重伤员则要及时送往医院救治。要记住及时清除落水者鼻腔、口腔和腹内的吸入物。具体方法是:将落水者的肚子放在你的大腿上,从后背按压,将海水等吸入物倒出。如心跳、呼吸停止,则应立即交替进行口对口人工呼吸和心脏按压。

5.溺水急救方法

(1)将伤员抬出水面后,立即清除其口、鼻腔里的水、泥及污物,用纱布(手帕)裹着手指将伤员舌头拉出口外,解开衣扣、领口,以保持呼吸通畅,然后抱起伤员的腰腹部,使其背朝上、头下垂进行倒水。

(2)呼吸停止者应立即进行人工呼吸,一般以口对口吹气为最佳。急救者位于伤员一侧,托起伤员下颌,捏住伤员鼻孔,深吸一口气后,往伤员嘴里缓缓吹气。反复并有节律地(每分钟吹16～20次)进行,直至恢复呼吸为止。

 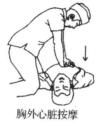 

控水　　　　　　　　胸外心脏按摩　　　　　　　人工呼吸

溺水急救方法

心跳停止者应先进行胸外心脏按压。让伤员仰卧,背部垫一块硬板,头低稍后仰,急救者位于伤员一侧面对伤员,右手掌平放在其胸骨下段,左手放在右手背上,借急救者身体缓缓用力,不能用力太猛,以防骨折,将胸骨压下4厘米左右,然后松手腕(手不离开胸骨)使胸骨复原,反复有节律地(每分钟100次)进行,直到心跳恢复为止。

211

 小贴士

面对海啸,我们应该知道它的代表标志,下图是国际通用的海啸标志,你见过吗?

国际上通用的表示海啸的图标

第九篇
在奔腾的熔浆中求生
——面对火山爆发的紧急避险自救

　　地球是颗美丽而又神秘的星球，她有郁郁葱葱的热带雨林、沁人心脾的鸟语花香、水波漂碧的悠然湖泊、一望无垠的蔚蓝海洋、大漠孤烟的茫茫沙漠、气势磅礴的崇山峻岭……她就像一位慈爱的母亲哺育着生命，给我们温暖可爱的家园。不过，她偶尔也会用让万物心生畏惧的恐怖灾难来展现她的神秘及宏厚实力，火山爆发就是其中破坏力较为巨大的一种，因此，对火山爆发的认知是非常必要的。了解了火山爆发不但可以保护自己及周围的人类和其他生命，还可以避免财产损失。

一、地球母亲的宣泄——火山爆发

走进现场

今天的安全与健康教育课上,老师打开了幻灯片,黑板的中央写着"火山"两个大字。同学们顿时来了兴趣,七嘴八舌地议论起近年来火山爆发的新闻。

215

互动讨论

(1)什么是火山爆发?

(2)火山爆发的征兆及表现是什么?

(3)遭遇火山爆发时我们应该怎么办?

知识加油站

火山(Volcano)的名词来自意大利的"Vulcano",原是意大利地中海内利巴里群岛（Lipari Islands）一个火山的名称，后来成为火山的代名词。而"Vulcan"在古罗马文字中指火神。火山是由火山口喷发堆积而成的高地。

火山爆发是一种奇特的地质现象，是地壳运动的一种表现形式，是地球内部物质在短时间内猛烈地以岩浆等形式喷出地表的现象。人类至今还没有任何办法可以阻止这种灾难，因此，了解火山爆发的相关知识就显得尤其重要。

 专家引路

1. 火山爆发的形成

地球可以粗分为三大层：地核、地幔和外层地壳。我们都居住在坚硬的外层地壳上，海洋下地壳的厚度为5～10千米，陆地下地壳的厚度为32～70千米，地壳以下紧接着就是地幔。地幔的温度极高，但其中大部分物质仍为固态，这是因为行星内部的压力很大，以至于此处的物质不能熔化。但在某些情况下，地幔中的物质可以熔化成为岩浆，岩浆沿着隆起造成的裂缝上升，当熔岩槽里的压力大于它上面岩石的压力时，便向外喷出而形成火山爆发，同时也形成一座火山。

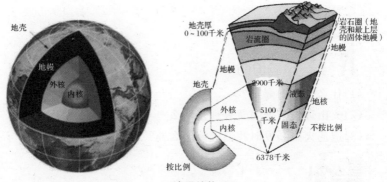

地层结构

板块构造学说主张板块的运动，即火山是由于地球内部软流圈的热对流造成的。当板块互相推挤，密度较大的一边会下降到另一

边下方,称作隐没,发生隐没的带状地区称为隐没带或聚合性板块交界。地底的高温会将隐没的板块熔融,形成岩浆。岩浆借由浮力缓缓上升,最后聚集成为岩浆库——火山底部储存岩浆的场所。当岩浆中的气体压力累积到一个程度时,火山就爆发了。例如,环太平洋地区的火山,大多为此种火山。有些火山分布在板块的张裂性交界上,也就是两个板块分离的带状地区,在这种地区,高温的地函物质(主要由矽、铁、镁等成分的橄榄岩组成)会上升,形成海底火山山脉,称作中洋脊。

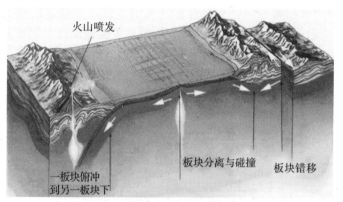

火山的形成——板块构造学说

热点(伴随着大规模火山活动的高热流区)的移动形成火山岛链;还有一些火山并不位于板块的交接处,例如,美国黄石复式破火山口及夏威夷群岛,火山学家称这些火山坐落于“热点”上。目前热点的作用机制尚不清楚,但科学家普遍认同热点由地函底部上升的“热柱”造成。当板块在热点上作水平移动时,便有一连串的火山生成,这样作用连续发生后,会造成一系列的火山岛群,而离热点越远的火山其生成年代越老。

2.火山的分类及构造

目前根据一座火山是否正处于喷发期可将它们分为活火山、休眠火山及死火山。若是通过地震或排放火山气体等形式证明它确有活动性,那么它就被认定为活火山;若一座火山不具有任何活性迹象,但在1万年内曾有过喷发,并且有再度喷发的潜力和迹象,那么

217

它就被认定为休眠火山；若一座火山在 1 万年内没有喷发过，或者有明确证据表明该火山的岩浆供给已经枯竭，该火山则被认定为死火山。这三种类型的火山之间没有严格的界限，休眠火山可以复苏，死火山也可以"复活"，它们是可以相互转化的。

火山构造或称火山机构，包括火山锥、火山口、火山通道等。火山锥是火山爆发的喷出物在火山口周围堆积起来，形成的圆锥形的山。火山口是位于火山锥顶部或其旁侧的漏斗形喷口。如因爆发巨大，火山口崩裂，便形成巨大的破火山口，直径可达 10 千米，常有一个至数个火山锥在内。火山通道是火山口以下一道通往地下的长管，若火山通道为熔岩或碎屑物填塞，后经表面侵蚀而留下填塞物所组成的柱状岩体，则形成火山颈。一个火山锥形成后，仍会不断发生火山活动，但喷发可能会沿另一条通道涌出，因而形成的规模较小的火山锥称为寄生火山锥。

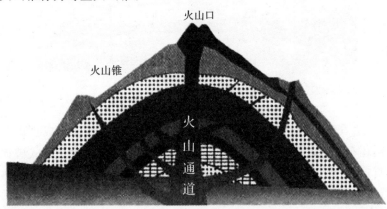

火山示意图

3. 火山的外形

不同火山结构上最重要的区别在于中心构造，即中央火山口附近的地质结构。火山喷发时喷出的火山物质不断累积，就形成了中心构造。因此火山的成分、外形以及结构都取决于火山物质及火山喷发的特性。火山主要有三种外形。

（1）成层火山：这是我们最熟悉的一种火山，也是最具破坏力的一种火山。它们以高度对称的山形中心构造为特征，其顶部的火山坑比较小,靠近山顶的山坡会骤然变陡。普林尼式喷发(火山喷发的一种形式)能喷出大量火山碎屑物质,同时形成这种中心构造,此种火山往往具有较高的喷发频率(两次喷发相隔几百年)。

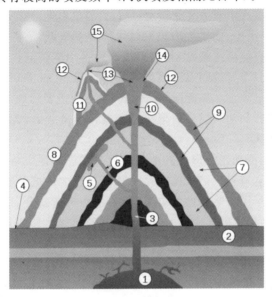

成层火山横切图

①主岩浆库　②基岩　③主熔岩通道　④地面　⑤侵入性火成岩脉　⑥熔岩岔道　⑦火山灰堆积层　⑧侧翼　⑨熔岩堆积层　⑩火山喉　⑪寄山火山锥　⑫熔岩流　⑬喷发口　⑭主火山口　⑮灰云

渣锥

（2）火山渣锥：这种相对较小的锥形火山是火山中最为普通的一种，它们以中心构造两侧的陡坡为主要特征，陡坡通往一个面积很大的顶部火山坑。中心构造的成分为火山灰，一般是斯通博利式喷发形成的。很多火山渣锥只能喷发一次，这与成层火山有所区别。

（3）盾形火山：如果火山喷发时爆炸程度极低，还能流出低黏性熔岩，例如，夏威夷式喷发，就会形成这种平坦宽阔但较为低矮的火山。熔岩在一个宽阔的表面区域上（有时可达几百千米）扩散开来，形成一个盾形小丘。靠近顶峰的位置，中心构造要陡峭一些，使得火山的中心略微凸起。很多盾形火山喷发得十分频繁（大约每隔几年就会喷发一次）。

（4）火山活动还能形成其他几种很有意思的地质结构，例如，破火山口和熔岩穹丘。破火山口是一片面积很大的坑形盆地，如果火山喷发时耗尽了岩浆囊内的岩浆，火山中心构造就会向这一空虚地带塌陷，继而形成破火山口。破火山口往往会被水体填充，形成圆形的湖泊，美国俄勒冈的火山口湖就是其中一例。而如果火山喷发初期逸出的气泡过多，以至于余下的黏性熔岩缺乏足够的压力而不能喷涌，它们就会从顶部火山坑缓慢地流出，熔岩穹丘就是这样形成的。这样一来，火山的顶部会形成一个丘状栓塞，并且随时间的流逝，它可能会继续增长。

美国俄勒冈州火山口湖

熔岩穹丘

4.火山爆发的原因

火山是大自然鬼斧神工的一大神奇之笔,也是最为壮观神秘的一大自然现象,是地球结构和运动的产物,那么它为何会爆发呢？那是因为地表下面,越深的地方温度就越高,大约在 32 千米深处的温度足以熔化大部分岩石。岩石熔化时就会膨胀而且需要更多更大的空间,这种被高温熔化的物质便会沿着隆起造成的裂缝上升。由于岩浆中含大量挥发分(岩浆中所含的水、二氧化碳、氟、氯、硼、硫等易于挥发的组分),加之上覆岩层的围压,使这些挥发分溶解在岩浆中无法溢出,当岩浆上升至靠近地表时,压力减小,挥发分急剧被释放出来,使熔岩槽里的压力大于它上面岩石的压力,便向外爆发而形成火山爆发。

5.火山爆发的表现形式

因岩浆性质、地下岩浆库内压力、火山通道形状、火山喷发环境(陆上或水下)等诸因素的影响,使火山喷发的形式有很大差别,可分如下几种。

(1)裂隙式喷发:岩浆沿着地壳上巨大的裂缝溢出地表,称为裂隙式喷发。板块运动会导致地壳产生巨大的断裂,在这些断裂处就会发生这种喷发现象,在某些具有中央火山口的火山底部,也会发生这种情况。喷发时,熔岩的喷射高度有限,距离地面不是很远,这样

221

就会形成一个熔岩幕,这也是裂隙喷发的一大特色——火幕。裂隙喷发会产生大量的熔岩流,但它们通常只是缓缓地流动着,没有强烈的爆炸现象,喷出物多为基性熔浆(火山岩的一种,含较少二氧化硫,黏性小、流速大),冷凝后往往形成覆盖面积广的熔岩台地。如分布于中国川、滇、黔三省交界地区的二叠纪峨眉山玄武岩和河北张家口以北的第三纪汉诺坝玄武岩都属裂隙式喷发。裂隙式喷发主要分布于大洋底的洋中脊处,在大陆上只有冰岛可见到此类火山喷发活动,故又称为冰岛型火山喷发。

裂隙式火山喷发

(2)中心式喷发:地下岩浆通过管状火山通道喷出地表,称为中心式喷发。这是现代火山活动的主要形式,又可细分为以下几种。

①夏威夷型:火山喷发时只有大量炽热的熔岩从火山口宁静溢出,顺着山坡缓缓流动,好像煮沸了的米汤从饭锅里沸泻出来一样。溢出的熔浆以基性熔浆为主,熔浆温度较高,黏度小,挥发性成分少,易流动;含气体较少,无爆炸现象。这类火山人们可以尽情地欣赏。

②培雷型:火山爆发时,产生猛烈的爆炸,同时喷出大量的气体和火山碎屑物质,喷出的熔浆以中酸性熔浆为主。1902年12月16日西印度群岛的培雷火山爆发震撼了整个世界,它喷出的岩浆黏稠,同时喷出大量浮石和炽热的火山灰。

　　③斯特朗博利型：具有中等强度的爆炸，以黏性的中基性熔岩喷发为主，气体较多，可以连续几个月甚至几年长期平稳地喷发，并以伴有间歇性的爆发为特征，每次喷射的时间很短。意大利西海岸利帕里群岛上的斯特朗博利火山是其代表。

　　④乌尔坎诺型：类似于斯通博利式喷发，其特征是由很多短时爆炸性喷发组成。但乌尔坎诺式喷发柱通常要比斯特朗博利式喷发柱大一些，并且它们通常由灰尘状火山碎屑物质构成。爆炸由高黏度、高气体含量的熔岩引发，熔岩会将火山物质喷射到空气中。除了火山灰，乌尔坎诺式喷发还会向空中发射出足球般大小的火山弹，一般不会产生熔岩流。

　　⑤普里尼型：黏稠岩浆在火山通道内形成"塞子"，熔岩冲破"塞子"，爆炸特别强烈，产生高耸入云的发光火山云及火山灰流，锥顶为猛烈的爆炸所破坏的火山口。

　　⑥超乌尔坎诺型：通常无岩浆喷出，喷出物主要是岩石碎屑和火山灰、气体，量不多，火山口低平。

　　⑦蒸气喷发型：地下水被岩浆气化，连续或周期性地喷出气体。

　　⑧水火山式喷发：如果火山喷发的发生地点靠近海洋、饱和云层或其他湿润地区，水和岩浆的相互作用会产生一种别具特色的喷发柱。首先，高温的岩浆会将热量传导给水体并使其蒸发。这种瞬间的状态变化在水体间爆炸性地扩散开来，这导致火山碎屑物质被击碎，呈现出细灰状。水火山式喷发的形式变化多端，有些以短时喷发为特征，而有些则能产生持续的喷发柱。

　　以上的分类法也不是最完善的，实际调查揭示，即使是同一种喷发类型也可能出现在不同类型的火山作用中，而同一座火山在自身的活动过程中也可能产生不同的喷发类型，甚至在同一喷发期也有时出现不同的火山活动形式。如以斯通博利型而命名的斯通博利火山，发生几次乌尔坎诺型喷发；命名为夏威夷式喷发的基拉韦厄和冒纳罗亚火山，在不同时期均观测到从斯通博利型到超乌尔坎诺型的喷发。

6.火山爆发的性质

　　火山爆发的性质主要取决于岩浆中气体的含量以及岩浆物质的

黏性。所谓黏性,指的是抗拒流动的能力。如果岩浆的黏性很高,意味着它具有很强的阻流能力,气泡逸出岩浆时将会举步维艰,因而会挤压更多的物质并使之向上运动,这会引发规模较大的火山喷发;如果岩浆的黏性较低,气泡从岩浆中逸出时就要容易得多,因而熔岩喷发的过程不会太过猛烈。气体含量是另一个制衡因素,岩浆所含气泡数越多,爆发时就越猛烈,而岩浆中气体含量越低,爆发时就越平静。两个因素都由岩浆的成分所决定,通常性的大小取决于岩浆中硅元素所占的比例,这是因为含这种元素的金属化合物遇到氧气(大多数岩浆中都含有氧气)时会发生化学反应。岩浆中熔化的物质种类不同,气体含量也会随之变化。

根据一般规律,高气体含量、高黏性的岩浆喷发时最为猛烈,而低气体含量、低黏性的岩浆喷发时则最为平静。大多数的火山喷发是分阶段进行的,不同阶段的破坏力不尽相同。如果岩浆的黏性和气压足够低,火山喷发时伴随的爆炸会很微弱,而熔岩会在地球表面上缓慢地流动。尽管这些流溢性熔岩会对野生生物以及人造建筑物造成一定的破坏,但它们不会对人身安全构成太大的威胁。但如果岩浆的压力很大,火山就会以爆炸的形式向空中喷射火山物质。

7.火山的喷发阶段

(1)气体的爆炸

在火山喷发的孕育阶段,由于气体出溶和震群的发生,上覆岩石裂隙化程度增高,压力降低,而岩浆体内气体出溶量不断增加,岩浆体积逐渐膨胀,密度减小,内压力增大。当内压力大大超过外部压力时,在上覆岩石的裂隙密度带会发生气体的猛烈爆炸,使岩石破碎,并打开火山喷发的通道。这时,碎块首先喷出来,相继而来的就是岩浆的喷发。

(2)喷发柱的形成

气体爆炸之后,气体以极大的喷射力将通道内的岩屑和深部岩浆喷向高空,形成高大的喷发柱。喷发柱又可分为三个区。

①气冲区:它位于喷发柱的下部,相当于整个喷发柱高度的1/10。因气体从火山口冲出时的速度和力量很大,即使喷射出来的

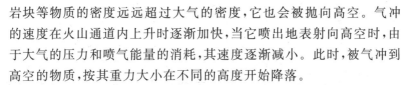

岩块等物质的密度远远超过大气的密度,它也会被抛向高空。气冲的速度在火山通道内上升时逐渐加快,当它喷出地表射向高空时,由于大气的压力和喷气能量的消耗,其速度逐渐减小。此时,被气冲到高空的物质,按其重力大小在不同的高度开始降落。

②对流区:位于气冲区的上部。因喷发柱气冲的速度减慢,气柱中的气体向外散射,大气中的气体不断加入,形成了喷发柱内外气体的对流,因此称其为对流区。该区密度大的物质开始下落,密度小于大气的物质靠大气的浮力继续上升。对流区气柱的高度较大,约占喷发柱总高度的7/10。

③扩散区:位于喷发柱的最顶部。此区的喷发柱与高空大气的压力达到基本平衡的状态。喷发柱不断上升,柱内的气体和密度小的物质是沿着水平方向扩散的,故称其为扩散区。被带入高空的火山灰可形成火山灰云,火山灰云能长时间飘浮在空中,而对区域性的气候带来很大影响。此区柱体高度占柱体总高度的2/10左右。

(3)喷发柱的塌落

喷发柱在上升的过程中携带着不同粒径和密度的碎屑物,这些碎屑物依着重力的大小,分别在不同高度和不同阶段塌落。决定喷发柱塌落快慢的因素主要有四点。

①火山口半径大的,气体冲力小,柱体塌落得就快。

②若喷发柱中岩屑含量高,并且粒径和密度大,柱体塌落得就快。

③若喷发柱中重复返回空中的固体岩块多,柱体塌落得就快。

④喷发柱中若有地表水的加入,可增大柱体的密度,柱体塌落得就快。反之,喷发柱在空中停留时间长,塌落得就慢。

8.火山喷发指数

火山喷发中危险性最大的是爆炸式喷发,其中灾害最大的是喷发柱,因而习惯用喷发物总质量与喷发柱高度来衡量火山爆发的级别,通常称之为火山爆发指数 VEI(Volcanic Explosivity Index)。根据火山爆发指数可将火山爆发分为8级:1微、2小、3中、4中大、5大、6很大、7巨大、8特大。

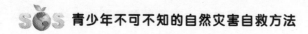

你来思考

通过对火山爆发相关知识的学习,你能说出火山及火山爆发形成的原因吗?能讲出火山类型及火山爆发的方式都有哪些吗?根据你所学到的东西,能说出火山爆发可能会造成哪些危害吗?

小贴士

1. 世界四大火山带

(1)环太平洋火山带:有 400 余座活火山,其中厄瓜多尔的科托帕克希火山(5890 米)是世界上最高的活火山,阿根廷安第斯山脉的阿空加瓜火山(6940 米)是世界上最高的死火山。

(2)地中海火山带:西起伊比利亚半岛,向东经喜马拉雅山与环太平洋火山带相接。

(3)大西洋海岭火山带:北起格陵兰岛,经冰岛、亚速尔群岛至圣赫勒拿岛,约有近 60 座活火山。

(4)东非火山带:沿东非大断裂带分布,如著名的乞力马扎罗山(5895 米)。

2. 中国七大火山带

据不完全统计,我国新生代以来有火山群 120 个,火山千余座,大抵可分为 7 个火山带。

(1)中国台湾火山带:由赤尾屿、黄尾屿、钓鱼岛经台湾岛至火烧岛、兰屿一带,形成长达 690 千米的火山岛弧,再向西南与南海海盆火山区相连,共有 14 个火山群,70 余座火山。

(2)长白山—庐江火山带:依兰—伊通断裂带及其以东的张广才岭、长白山和渤海以南的郯庐断裂带,呈北东向分布,长 2200 千米,宽 200 余千米,有 41 个火山群,549 座火山。其中有著名的镜泊湖、长白山和龙冈火山群。

(3)福鼎—海南岛火山带:分布于东南沿海大陆边缘地区,长

1200 千米,带内有 4 个火山群,101 座火山。

(4)大兴安岭—太行山火山带:北起黑龙江省呼玛县,南至河南省汝阳县,长约 2500 千米,宽 200 余千米,分布有 28 个火山群,300余座火山。著名的有大同火山群和达莱偌尔火山群。

(5)小兴安岭火山带:西南麓有 9 个火山群,西端有 2 个火山群,60 余座火山,平行于山脉分布。分布于小兴安岭西南麓近山脉的有门鲁河火山群、科洛火山群和五大连池火山群。外侧是嫩江的尖山、德都的莲花山、克山的尖山、克东的二克山、绥棱的阁山和庆安的疙瘩山火山群。

(6)西昆仑山—可可西里山火山带:沿西昆仑山—可可西里山南麓呈东西向分布,西起班公湖,东到胃都一带。长约 1300 千米,宽200 余千米,有 12 个火山群,64 座火山。

(7)冈底斯山—腾冲火山带:由冈底斯山向东经雅鲁藏布江,沿澜沧江至腾冲,长约 2200 千米,宽约 150 千米。目前仅发现 3 个火山群,48 座火山。

227

二、令人闻风丧胆的火山爆发

作为地球上最具破坏力的火山爆发,它的恐怖程度到底有多么让人胆战心惊呢? 让我们来看看火山爆发的破坏力到底有多大。

冰岛火山爆发

冰岛是欧洲最西部的国家,位于北大西洋中部,首都雷克雅未克,面积为 10.3 万平方千米,为欧洲第二大岛。北边紧贴北极圈,冰岛 1/8 被冰川覆盖,因此冰岛的每一次一定规模的火山爆发,都会对全球的气候、海平线、环境等造成一系列的影响和损失。1783 年冰岛拉基火山喷发,岩浆沿着 16 千米长的裂隙喷出,淹没了周围的村庄,覆盖面积达 565 平方千米,造成冰岛人口减少 1/5,家畜死亡一半。位于冰岛南部的艾雅法拉火山于 2010 年 3 月 20 日和 2010 年 4 月 14 日接连两次爆发,火山烟尘横扫欧洲,迫使许多机场关闭、航班取消,岩浆融化冰盖引发的洪水以及火山喷发释放出的大量气体、火山灰对航空运输、气候和人体健康均造成长期影响。冰岛火山于 2010 年 4 月 16 号继续喷发,同时爆发冰泥流,带来巨大洪水,火山灰在天空中大量飘散。2011 年 5 月 21 日,冰岛格里姆火山开始喷发,根

据历史记载,这一次的喷发规模并不是很大,然而喷发后却不得不使冰岛宣布暂时关闭领空。

火山爆发按其喷发出熔岩的体积和喷发的高度,划分成 8 个强度等级。中低强度的爆发每年都有,6 级以上的强爆发要几十年才会有一次。约有 10％的火山一天就完成了喷发,有的断断续续喷发几周,个别的喷发几年。一次 5 级强度的爆发,其喷出的熔岩和火山灰的体积达 1 立方千米,并伴有大量二氧化硫等气体和水汽;喷出的高度可达 25 千米以上;熔岩的温度达 700℃～1200℃。但也有一些火山,其熔岩只从火山口流淌出来,同时,有一定量的气体和水汽喷出。火山本身所造成的灾害主要由其高温熔岩和突然下降的大量火山尘土所致。近几百年来,活火山口附近已很少有人居住,火山熔岩所到之处,森林、草木、农作物、房屋悉数被毁。

1. 火山爆发的危害

(1)直接危害:火山爆发时,喷涌的炽热岩浆会吞噬地面上的一切,并引发如海啸、泥石流和洪水等其他灾害。全世界至少已有 20座城市被爆发的火山瞬间毁灭。最早的记录就是约公元前 1450 年的古希腊,当时繁华的克诺索斯古城就因桑托林火山的爆发被夷为平地,古老的米诺斯文明在强大的自然力量下消失不见,只余地中海上悠远的传奇故事。

(2)对当地环境和人体健康的影响:火山爆发使其邻近地区冰雪融化,造成了一些河流发生洪水;喷出的大量火山灰和暴雨结合形成的泥石流能冲毁道路、桥梁,淹没附近的乡村和城市,使得无数人无家可归;泥土、岩石碎屑形成的泥浆可像洪水一般淹没整座城市。对人体的影响主要是火山灰和其他气体的微粒,被人体吸收后造成的危害。例如,硫化氢会对眼部和呼吸道黏膜产生强烈的刺激作用,吸收后影响细胞内的氧化过程,造成细胞组织缺氧。一氧化碳极易与血液中的红细胞结合,占据红细胞的运输空间,使红细胞不能与氧气结合而造成细胞组织缺氧,严重时会危及生命。火山烟尘中的三氧化二铝、氟化物也有很大危害。三氧化二铝是一种化学致癌因子,会使原癌基因和抑癌基因发生突变,导致正常细胞的生长和分裂失控而成为癌细胞;氟化物会对人畜的牙齿及骨骼有严重影响,尤其是孕妇及胎儿。此外火山灰中的二氧化硫、二氧化氮等,能引起呼吸道疾病,危害人体健康。

(3)火山爆发是民航飞行的灾害性天气:火山爆发后,来势汹汹的火山灰冲上万米高空,几天内便可使高空"飞灰烟不灭"。火山烟尘中夹带着大量微小颗粒和二氧化硅晶体粉末等,不但会引起飞机发动机阻塞,还会划伤或腐蚀飞机上的玻璃和金属,直接影响飞机飞行的安全。目前比较好的方法是利用高分辨率和高频次的卫星云图来监测火山灰的走向,向有关航线的飞机发出警报。问题是在卫星云图上有时也不易分清火山灰和高空云层。所以,分析人员需要积累经验、连续细心地跟踪监视才能较好地做出预报,国际民航组织还在世界的几个地区安排了警报中心。尽管如此,火山灰云仍然是民航飞行需要防范的一种灾害,通常的做法是避开火山灰区或停飞。

(4)影响全球气候:火山爆发时喷出的大量火山灰和火山气体,对气候造成极大的影响。气体包括二氧化硫、二氧化碳、一氧化碳、硫化氢和氟等。其中,二氧化硫与水汽结合后变成的硫酸除部分下降成为酸雨外,还有大部分转化成为硫酸盐气溶胶漂浮在平流层高空。由于其颗粒极为细小,因此漂流的时间可以很长,几个月、一年甚至两年,漂流时间长了它就能比较均匀地遍布全球。这种气溶胶能反射阳光,同时,又可让地面的长波辐射透过,射向地球之外,这样就减少了近地层所能获得的太阳辐射,从而使地面气温下降。越强的火山爆发,喷发出的二氧化硫的量就越大,其对地面的降温作用也越大。1991 年 6 月,菲律宾皮纳图博的火山爆发是一次达到 7~8 级的强爆发,正是这次大爆发导致 1992 年全球平均气温下降0.5℃。1815 年 4 月印尼的坦博拉火山大爆发,这次爆发之后的第二年(1816 年),全球平均气温下降了 3℃。

(5)对植物、建筑的影响:火山爆发引发的酸雨,对种植业如农产品、花卉、果树等的生长不利,对湖泊和池塘里的鱼类造成伤害,破坏森林、草原,使土壤、湖泊酸化,还会腐蚀建筑物、桥梁、工业设备、运输工具和电信电缆等。

(6)辐射出大量的强电粒子流：这种带电粒子束会影响火山周围电子设备的正常工作以及会出现电子钟表的计时误差。这类似于太空辐射的带电粒子对地球空间的电子通讯、电器设备、计时装置等产生的干扰。火山在爆发过程中的地壳运动所形成的带电粒子会进行飘逸运动，同时这些飘逸出的带电粒子又会对电子设备构成磁脉冲干扰，脉冲磁场在电子设备中可形成较强的感应电荷聚集累加，并可导致电子电路产生非正常状态下的运行错误。

对全球或更长远的影响要根据火山爆发之后的活动而定。火山爆发对社会、经济的影响是广泛的，多数是滞后的，需要由各行业专家以后来评估。

2.火山爆发也是大自然赐予的宝藏

尽管火山活动具有巨大的破坏性，但它是地球最重要的构建性地质过程之一。根据我们对板块运动学说的了解，火山活动一直在重构地球的海底。同大多数自然现象一样，火山爆发也是一把双刃剑。它一方面会引发骇人听闻的巨大灾难，另一方面又在地球的再生过程中扮演着至关重要的角色。毫无疑问，在这座星球上，火山爆发是最令人惊奇、最震撼人心的自然现象之一。

(1)为人类提供肥沃的土壤：火山喷出的火山灰是极好的天然肥料，含有磷、钾等多种农作物所需的养分，能把不毛之地滋润成沃土良田。古巴、印度尼西亚盛产甘蔗，中美洲的果树栽培都与火山灰的功劳密不可分。在蜚声中外的维苏威火山口下，意大利人办了几家大型化工厂，利用火山喷出的气体制造硼酸、氨水、磷酸化合物等肥料。

(2)"雕塑"出奇特的旅游资源：火山爆发雕塑出各种各样奇特的自然景观，使不少火山成了绝佳的旅游胜地——别具一格的火山地貌、千姿百态的火山熔岩、波澜壮阔的火山湖。游客徜徉其间，顿觉心旷神怡、奇趣盎然。日本的富士山、夏威夷的火山群岛、美国的黄石公园、法国的维希公园，都以其不可多得的火山景观名噪于世。我国黑龙江的五大连池就是1719年才喷发形成的火山湖。

231

日本富士山

美国黄石公园景色

　　（3）利用"余热"：在火山活动地区，地热资源往往异常丰富。利用它的巨大热能发电，自然是顺理成章的事，世界上已有几十座这样的热能发电站。在终年为冰雪笼罩的北欧小国冰岛，约有 1/5 的家庭通过管道送来的火山蒸汽取暖供热。

（4）丰富的矿产资源：地质时期及现代的火山作用形成了多种矿产资源。现阶段人类开发的矿产中，有很大一部分与火山爆发有关，比如铁矿、铜矿、金矿等。此外，年轻火山喷出的碱性玄武岩，是世界上天然蓝宝石的主要产出地。从我国的东北和东部沿海到东南亚，一直延伸到澳大利亚，在这一弧形带上分布着许多蓝宝石矿床，最大者为澳大利亚的新南威尔士蓝宝石矿床，其产量占世界总产量的60%。而火山玻璃、火山灰渣等，又是良好的建筑原料。

（5）形成新的海岛，增加陆地面积：1973 年，在日本西之岛的南部，因海底火山活动，从水下冒出一块陆地，并与西之岛连在了一起，因而增加了 0.24 平方千米的领土。夏威夷群岛附近的洛伊希火山顶峰，现在还位于海平面以下 980 米处，但它一直在不断地"长个儿"，这座活火山一旦露出海面，也必然会增加一个小岛。

 你来思考

看了上面的介绍，你能说出火山爆发主要的危害吗？另外，任何事物都有两面性，我们需要辩证地看待火山爆发，你能说出火山爆发能为我们带来哪些好处吗？

 小贴士

1.世界历史上一些著名的火山爆发

（1）培雷火山：西印度群岛的马提尼克岛北部的培雷火山于 1902 年 5 月 8 日猛烈喷发，这次爆发导致其南 6 千米外的圣皮埃尔全城被毁，喷发物覆盖了全岛 1/6 的土地，全城 3 万居民几乎全部丧生，只有 2 人幸免于难。

（2）梅扎马火口湖：美国俄勒冈州梅扎马火山约 6000 年前发生了一次特大喷发，1.2 万英尺高的梅扎马山在喷发后，竟变成了一个深 1900 万英尺的火口湖，此后在漫长的年代里，由于火山活动的作用，湖心又渐渐升起了"神奇岛"，至今仍在不断长高。

(3)埃特纳火山:西西里岛埃特纳火山是欧洲最活跃的火山,以传奇的希腊神话而闻名于世。最近一次火山爆发是 1991 年 12 月在埃特纳火山公园的博瓦山谷地段发生的。

(4)维苏威火山:公元 79 年,意大利西南部维苏威火山的爆发把著名的庞贝城和赫库兰尼姆掩埋地下,使它们历经千余载才得以重见天日。维苏威火山目前仍然很活跃,1631 年的喷发也造成了重大人员伤亡。

(5)坦博拉火山:1815 年 4 月 10 日～11 日印度尼西亚的坦博拉火山爆发是过去两个世纪来规模最大的一次火山爆发,同时它也是有史以来造成伤亡最多的一次。据估计,它直接造成了 9.2 万人丧生,还有 8 万多人死于由此引发的饥荒,这次火山爆发使北半球大部分地区受到严重影响。

(6)喀拉喀托火山:1883 年 8 月 27 日,印度尼西亚的喀拉喀托火山爆发,此次火山爆发引起的一连串海啸波及夏威夷群岛和南美海岸,约 3.6 万多人因此丧生,它喷出的火山灰使周围地区陷入黑暗长达两天之久。

234

(7)帕里库延火山:1943 年 2 月,墨西哥帕里库延市近郊的一块玉米地突然地声阵阵,被撕开了一个裂口。从此地球上又长出了一座活火山,一年就长出了 300 多米。在接下来的 9 年里断断续续的火山喷发摧毁了帕里库延市。

(8)圣海伦斯火山:1980 年 3 月 18 日,美国华盛顿州圣海伦斯火山爆发,炽热的火山碎屑和熔岩使山地冰雪大量溶化,形成的汹涌的泥石流从山顶倾泻而下,并引起洪水泛滥,造成 24 人死亡,46 人失踪。

(9)鲁伊斯火山:1985 年 11 月 13 日,哥伦比亚鲁伊斯火山爆发,相对来说其势较小,但是由于冰雪融化而造成的海底泥滑动导致 2.3 万人死亡,并毁灭了阿尔梅罗城。

(10)皮纳图博火山:1991 年 6 月,菲律宾皮纳图博火山爆发,此次喷发规模是圣海伦斯火山喷发规模的 11 倍,也是 20 世纪最大的火山喷发之一。它喷发的烟尘和火山灰云高达 3 万多千米。

三、未雨绸缪——预知火山的爆发

　　火山爆发来势汹汹,一瞬间就会给人们造成毁灭性的破坏,而以目前人类的科技水平而言,我们无法阻止火山爆发,只能加强对火山的科学研究,及时预报喷发的时间和规模来减轻它的危害。

中国历史上的火山爆发

　　由于近 50 年来,中国几乎没有火山喷发,所以很多人感觉我国好像没有火山似的。其实,中国在新生代时期(距今 6400 万年)是一个多火山的地方,分布有范围广泛的新生代火山岩,特别在东部地区。根据现在研究的情况,至少还有约 10 处火山是活火山。

　　中国最早记录的活火山是山西大同火山群,它在北魏(公元 5 世纪)时还在喷发(据《山海经》记载);东北的五大连池火山在 1719～1721 年还猛烈喷发过,其情景是:"烟火冲天,其声如雷,昼夜不绝,声闻五六十里,其飞出者皆黑石硫黄之类,经年不断…… 热气逼人30 余里"(据《宁古塔记略》);1916 年和 1927 年,中国台湾东部海区的海底火山先后爆发过两次,呈现出"一半是海水,一半是火焰"的现象,蔚为壮观;1951 年 5 月,新疆于田以南、昆仑山中部有一座火山爆发,当时浓烟滚滚、火光冲天、岩块飞腾、轰鸣如雷,整整持续了好几个昼夜,堆起了一座 145 米高的锥状体;至于中国台湾北部海拔 1130米的活火山——七星山,迄今还在喷发着大量硫黄热气。

　　根据调查研究表明,在距今 1 万多年前,长白山发生过多次火山喷发,喷出了大量的灰白——淡黄色浮岩,局部厚度达 60 米。这次猛烈的火山爆发,使火山锥顶部崩破塌陷,形成了漏斗状火山口。当火山喷发强度及熔岩温度逐渐降低时,熔浆在火山通道内逐渐冷凝并堵塞火山通道。在火山作用停止后,火山口内接受大气降水和地下水的不断补给,逐渐蓄水成湖,形成火山口湖,这就是闻名遐迩的长白山天池。而公元1014～1019年,长白山又发生了一次"千年大喷发",喷出的岩浆、浮岩、碎屑流等,经风化后形成了肥沃的土壤,一些植物便在这大坑里安下了家,经过数百年逐渐形成了罕见的地下森林。

互动讨论

(1)火山爆发用哪些方法可以预报?

(2)火山爆发前有哪些征兆?

知识加油站

当前火山活动进入新的活跃期,我国火山灾害的监测研究虽已起步,但与世界先进国家相比是落后的。虽然我国近百年来发生喷发活动的活火山较少,但我国地处太平洋火山带和地中海喜马拉雅火山带所围绕的地区,大陆内还有一些板内火山活动的地带,休眠火山较多且分布面广。特别是这些休眠火山区,很多成为新的经济开发区和旅游疗养、开发地热和建材资源的新兴城镇,因此更应该采取有效的火山监测和防灾措施。

专家引路

火山爆发的前兆

(1)地形变化:由于火山爆发前,地下岩浆在活动,产生地应力,使地面起伏有所改变。例如,阿拉斯加卡特迈火山于1912年爆发前,其周围甚至远距十几千米以外,突然出现许多地裂缝,并冒出气体、喷出灰沙。1978年吉布提阿法尔三角区的阿尔杜科巴火山爆发前,突然出现高达百米的突起。1979 年圣海伦斯火山爆发前,在其北坡出现一个圆丘,到 1980 年,圆丘的高度迅速增长,最快时每天增高 45 厘米,终于在当年 5 月 18 日发生大爆发。而冰岛克拉夫拉火山于 1980 年 10 月爆发前,地面却发生沉降,也与岩浆运移有关。

(2)火山上的冰雪融化:许多高大的火山常年处于雪线以上,爆发前由于岩浆活动、地温升高,火山上的冰雪会融化以预示将要爆发。如圣海伦斯、科托帕克希、鲁伊斯等火山均有此现象,融化的雪水甚至造成泥石流或山洪暴发。

(3)生物异常:包括植物褪色、枯死,小动物(如猪、狗、猫等)的行为异常(如烦躁不安)及死亡等。

(4)火山发出隆隆的响声:由于岩浆和气体膨胀,其尚未冲出火山口时的响声,预告喷发即将来临。

(5)火山气体:不正常的气体(如颜色、气味)增加,表示火山爆发前某些火山气体已"先行"了。

(6)火山附近的水温、地温:火山喷发前温度一般都升高。

(7)地震仪器监测:火山能够产生大量的地震信号,这些信号与地震断层产生的地震信号不同,几乎在每一次有记录的火山爆发前,火山下面或附近的地震活动会增强。因此,地震学已成为火山爆发预报和监测的最有力的手段之一。目前,尽管不同火山的监测站的数量和质量有很大差异,但世界上近 200 座火山均已采用地震方法监测,这表明在历史上曾喷发的 500 多座火山中有约 1/3 的火山采用了地震监测。近几十年来,每年会发生 50~70 次火山爆发,其中一半以上都有地震监测设施。如圣海伦斯火山周围有 13 个,夏威夷基拉韦亚火山周围有 47 个,印尼默拉皮火山周围有 6 个等。圣海伦斯火山在 1980 年 5 月大爆发前曾监测到每天 3 级地震达 30 次之多,苏弗里埃尔火山在 1978 年 4 月大爆发前,可感地震每小时达 15 次。

一旦发现火山爆发的前兆后,应该尽快选择交通工具离开,逃离过程中要用其他物品护住头部以防止砸伤。

你能谈谈火山爆发的征兆有哪些吗?

全球七大活火山

基拉维厄火山:位于美国夏威夷岛东南部,山顶有一个巨大的破火山口,直径4027米,深130余米,其中包含许多火山口。整个火山口好像是一个大锅,大锅中又套着许多小锅(火山口)。在破火山口的西南角有一个翻腾着炽热熔岩的火山口,直径约1000米,深约400米。其中的熔岩有时向上喷射,形成喷泉;有时溢出火山口外,形如瀑布。当地土著人称它为"哈里摩摩",意为"永恒火焰之家"。

拉基火山:拉基山是火山裂缝在喷发过程中形成的,现称之为拉基环形山。该裂缝为东北—西南走向,拉基山把它截为接近相等的两部分,在山坡上,裂缝之间只有若干流出少量岩浆的极小的火山口。

冒纳罗亚火山:在夏威夷火山国家公园内,为世界最大孤立山体之一。火山口的面积约10平方千米,冬季常被冰雪覆盖。冒纳罗亚火山喷发了至少70万年,约在40万年前露出海平面。冒纳罗亚火山也是世界上最高大的活火山之一,长年累月喷发出的熔岩流层层堆积,使其达到现在的高度(约4200米)。

维苏威火山:意大利西南部的一座活火山,位于那不勒斯湾东海岸,海拔1281米。维苏威火山在公元79年的一次猛烈喷发,摧毁了当时拥有2万多人的庞贝城。

圣海伦斯火山:位于美国西北部华盛顿州,喀斯喀特山北段。海拔2950米,休眠123年后于1980年3月27日突然复活,近年来仍有活动。

埃特纳火山:意大利西西里岛东岸活火山,为欧洲最高活火山。

桑盖火山:位于桑盖国家公园内,是世界上活动持续时间最长的活火山。海拔5410米的桑盖火山山顶白雪皑皑,山势险峻。从山顶到山麓近 4000 米的海拔高度差使这里形成了厄瓜多尔所独有的景观。

四、火山爆发时我们应该怎样自救求生

面对地球上最为恐怖的自然灾害,就目前的科技水平而言,我们无法阻止它的发生,能做的就是了解它并在它发生的时候自救求生。

走进现场

亲历 2010 年冰岛火山喷发现场

冰岛埃亚菲亚德拉冰盖火山于 2010 年 4 月 14 日的爆炸性喷发,堪称多年来欧洲破坏力最大的天灾。英国自由摄影师约翰·比蒂以及冰岛摄影师罗格纳·西古德森冒着生命危险深入火山灾区,通过影像记录下这场 200 年不遇的火山大喷发。

239

带有闪电效果的冰岛火山爆发

从冰岛南部观察到的火山灰直冲云霄情景

240

2010 年 4 月 12 日,比蒂赶往埃亚菲亚德拉冰川,当时的气温为 −5℃。他在冰川上搭了一个帐篷后,突然听到一声巨响,抬头一看,一股橙红岩浆被喷到约 150 米的空中,石块如雨点般倾泻而下,砸在四周的地上。2 天后火山再次猛烈喷发,冲起高达 6000 米的烟尘。

互动讨论

如果你当时在火山爆发地区,你该怎么办?

知识加油站

一般活火山或者休眠火山附近都会有专门的火山观测站,如果有大规模喷发迹象的话,观测站会提前通知当地政府组织民众疏散。所以当我们处于火山爆发地区时,首先且唯一能做的就是快速而有效地撤离到安全地带。空中的飞石、火山碎屑流和洪水,将会使火山附近地区十分危险,峡谷地带可能是最危险而不宜停留的地方。

专家引路

当遭遇火山爆发时,我们针对火山喷发的性质应该作出相应的自救反应。

(1)听从当地官方的指引。

(2)携带家庭急救箱进行撤离,如果可能的话,尽量向逆风向而不是下风向撤离,因为下风向更易受到落下的火山灰、石屑、气体伤害。

(3)在撤离过程中,如果您处于峡谷、靠近溪流或者正在穿越桥梁,请务必查看上游是否发生泥石流。泥石流威力巨大,它可以瞬间吞没桥梁,尽量选择与水流不同的路线,或者迅速撤向高地。

(4)应对熔岩危险:火山爆发喷出了大量炽热的熔岩,它会坚持向前推进,直到到达谷底或者最终冷却,它们毁灭所经之处的一切东西。在火山的各种危害中,熔岩流对生命的威胁最小,因为人们能跑出熔岩流的路线。当看到火山喷出熔岩时,我们可以迅速跑出熔岩流的路线范围。

(5)应对火山喷射物危险:火山喷射物大小不等,从卵石大小的碎片到大块岩石的热熔岩"炸弹"都有,能扩散到相当大的范围。而火山灰则能覆盖更大的范围,其中一些灰尘能被携至高空,扩散到全世界,进而影响天气情况。如果火山喷发时你正在附近,这时你应该快速找寻坚固的物体躲避,并应戴上头盔或用其他物品护住头部,防止火山喷出的石块等砸伤头部。

(6)应对火山灰灾害:火山灰是细微的火山碎屑,由岩石、矿物和火山玻璃碎片组成,有很强的刺激性,且伴随有毒气体。火山灰能使屋顶倒塌,可窒息庄稼、阻塞交通路线和水道,会对肺部产生伤害,特别是儿童、老人和有呼吸道疾病的人。但当火山灰中的硫黄随雨而落时,硫酸(和别的一些物质)会灼伤皮肤、眼睛和黏膜。戴上护目镜、通气管面罩或滑雪镜能保护眼睛,用一块湿布或者工业防毒面具护住嘴和鼻子。到避难所后,要脱去衣服,彻底洗净暴露在外的皮肤,用清水冲洗眼睛。

(7)应对气体球状物危害:火山喷发时会有大量气体球状物喷出,

241

这些物质以极快的速度滚下火山。这时,我们可以躲避在附近坚实的地下建筑物中,或跳入水中屏住呼吸半分钟左右,球状物就会滚过去。

(8)如果是驾车逃离,那么一定要清楚火山灰可使路面打滑。如果火山的高温岩浆逼近,就要弃车尽快爬到高处躲避岩浆。

(9)如果无法顺利完成撤离,可以按照下列措施进行自救:①在室内寻求庇护,关闭所有窗户,避免火山灰进入,总之,采取一切可能措施把火山灰挡在户外。②选择高地暂时栖身,因为突发洪水、泥石流、有害气体将会在地势低洼的地方汇集。穿上长裤、长袖上衣并戴上帽子,否则高温火山灰可能造成严重烫伤。戴上防毒面具,用水浸湿手帕,以阻挡有毒气体和火山灰。③不要发动车辆,直到火山喷发结束和火山灰平息,美国圣海伦斯火山爆发曾经导致大量车辆的发动机受损。

(10)从装备的角度,我们可以准备一定数量的口罩,最好是气密性较好的或者内置活性炭滤芯的,此类口罩为消耗品,需要多准备一些。如果条件许可,可以购买防毒面具,并注意保质期。另外,防护眼镜也必不可少。如果你购买的是一体式防毒面具,就不用担心眼睛了。另外,如果需要在火山灰飘散的地区活动,连体式防护服也必不可少。

242

火山喷发时的避难要领

小贴士

　　科学家中最危险的行业之一就是火山学家,因为突如其来的火山喷发随时可能在研究活火山时发生。平均每年至少有一位学者被火山喷发吞没。1993年1月14日,美国火山学家斯坦利·威廉姆斯带领的一个地质考察组爬上哥伦比亚南部云气缭绕的加勒拉斯(Galeras)火山时,喷涌而出的火焰和毒气让威廉姆斯的6个同伴当场毙命。

　　以目前人类的科技水平而言,我们无法阻止火山爆发,只能加强对火山的科学研究,建立灾情监测预警系统。对活跃的火山进行监测,用精密仪器观察火山活动,及时掌握火山喷发的前兆,力求准确、及时地预测火山喷发的时间,及时发出预警,减少火山喷发带来的损失。

243

第十篇
在雷嗔电怒中避袭
——面对雷电天气的紧急避险自救

雷电这一自然现象远在人类出现之前在地球上就已经存在。远古人类对雷电具有畏惧感，也觉得雷电很神秘，并慢慢形成对雷电的崇拜并演变出"雷公"和"电母"的神话。其实，雷和电是一种奇幻而又让人生畏的自然景观，闪电划破长空，发出炫目的闪光，其后雷声隆隆。一次闪电产生的能量非常大，雷电活动一旦对大地产生放电，便会引起巨大的热效应，造成人畜伤亡，乃至引起燎原大火，造成令人震撼的破坏和灾难。

一、雷和电晓多少

艳丽的"烟花"暗藏杀机

　　2007年1月的一天下午3时,天空行雷闪电,一位就读马来西亚沙捞越大学的23岁女学生下课后徒步返回宿舍,与两个朋友共享一把雨伞挡雨。此时其手机响起,她拿起手机接听时竟被雷电劈个正着,她们三人均扑倒在地上,这位女大学生的胸部被严重烧伤,送往医院后不久因病情相当严重而死亡。

　　(1)什么是雷电?

(2)雷电是怎样形成的?

(3)雷电有哪些类别?

 知识加油站

雷电是怎样形成的呢?

雷电是自然界中的一种放电现象。雷电放电和一般电容器放电的本质是相同的,所不同只是雷电的电容器两块极板并不是人为制造的,而是自然形成的。两块极板有时是两块云块;有时一块是云块,另一块则是大地或地面上凸出的建筑物,并且这两块极板间的距离比电容器大得多,有时可达数千米。因此,可以说雷电是一种特殊的电容器放电现象。

雷电一般产生于对流发展旺盛的积雨云中,因此常伴有大风和暴雨,有时还伴有冰雹和龙卷风。由于气候的变化,大气中的饱和水蒸气发生上升或下降的对流,在对流过程中由于强烈的摩擦和碰撞,水蒸气凝结成的水滴就被分解成带有正负电荷的水滴。大量的水滴聚积成带有不同电荷的雷云。随着电荷的积聚,雷云的电位逐渐升高。当带有不同电荷的两块雷云接近到一定程度时,两块雷云间的电场强度达到25~30千伏每厘米时,其间的空气绝缘被击穿,引起两块雷云间的击穿放电;当带电荷的云块接近地面时,由于静电感应,使大地感应出与雷云极性相反的电荷,当带电云块对地电场强度达到25~30千伏每厘米时,周围空气绝缘被击穿,雷云对大地发生击穿放电。放电时出现强烈耀眼的弧光,就是我们平时看到的闪电。闪电通道中大量的正负电荷瞬间中和,造成的雷电流高达数百千安,这一过程称为主放电。主放电时间仅30~50微秒,放电波陡度高达50千安每微秒,主放电温度高达20000℃。这使得周围空气急剧加热,骤然膨胀而发生巨响。这就是我们平时听到的雷声。由于声音传播的速度比光的传播速度要慢得多,所以我们总是先看到闪电,而后听到雷声。闪电距离近,听到的就是尖锐的爆裂声;如果距离远,听到的则是隆隆声。闪电和雷声的组合我们称为雷电。雷电具有电压高、电流大、频率高、时间短的特点。

1.雷电的分类

(1)直击雷:雷云对地面或地面上凸出物的直接放电,称为直击雷,也叫雷击。

直击雷放电过程可以这样解释:当雷云对地面放电时,开始出现先驱放电,放电电流比较小,一经到达地面就开始主放电。主放电由地面开始沿着先驱放电的通道直到云端,放电电流迅速增大。

直击雷放电过程

主放电时间很短,电流迅速衰减,以后是余光放电,电流变小。由于雷云中同时存在着多个电荷集聚中心,当第一个电荷集聚中心放电后,其电位迅速下降。第二个电荷集聚中心向第一个电荷集聚中心位置移动,并沿着上一次的放电通道开始先驱放电——主放电——余光放电,紧接着再来第三次、第四次放电。我们平时看到电光闪闪、雷声隆隆就是这个原因。当直击雷直接击于电气设备及线路时,雷电流通过设备或线路泄入大地,在设备或线路上产生过电压,称为直击雷过电压。

(2)感应雷:感应雷击是地面物体附近发生雷击时,由于静电感应和电磁感应而引起的雷击现象。例如,雷击于线路附近地面时,架空线路上就会因静电感应而产生高的过电压,称为静电感应过电压。在雷云放电过程中,迅速变化的雷电流在其周围空间产生强大的电磁场,由于电磁感应在附近导体上会产生很高的过电压,称为电磁感应过电压。静电感应和电磁感应引起的过电压,我们称为感应雷击。

(3)球雷:球雷是一种发出红色或白色亮光的球体,直径多在20厘米左右,最大直径可达数米,以每秒数米的速度在空气中飘行或沿地面滚动。这种雷存在时间为3～5秒。时间虽短,但能通过门、窗、烟囱进入室内。这种雷有时会无声消失,有时碰到人、牲畜或其他物体会剧烈爆炸,造成雷击伤害。

(4)雷电侵入波:当雷击在空线路金属管道上时,产生的冲击电压沿线路或管道向两个方向迅速传播的雷电侵入波,称为雷电侵入波。雷电侵入波的电压辐值愈高,对人身或设备造成的危害就愈大。

雷电放电过程中,可能呈现出静电效应、电磁效应、热效应及机械效应,对建筑物或电器设备造成危害;雷电流泄入大地时,在地面产生很高的冲击电流,对人体形成危险的冲击接触电压和跨步电压。直击雷和球形雷会对人和建筑造成危害,而感应雷击,受感应作用所致主要影响电子设备;雷电侵入波对人类危害最小。直击雷是威力最大的雷电,而球形雷的威力比直击雷小。

2.雷电形成的条件

雷电的形成也需必备的条件。产生雷电的条件是雷雨云中有积累并形成极性。科学家们对雷雨云的带电机制及电荷有规律分布进行了大量的观测和试验,积累了许多资料,并提出各种各样的解释,有些论点至今还有争论。目前最主要有三种学说——对流云初级阶段的离子流学说、冷云的电荷积累学说、暖云的电荷积累学说。公认度最高的还是第一个学说。对流云初级阶段的离子流学说认为:大气中存在着大量的正离子和负离子,在云中的雨滴上电荷分布是不均匀的,最外边的分子带负电,里层的带正电,内层比外层的电势约高0.25伏。为了平衡这个电势差,水滴就必须"优先"吸收大气中的负离子,这就使水滴逐渐带上了负电荷。当对流发展开始时,较轻的正离子逐渐被上升的气流带到云的上部;而带负电的云滴因为比较重,就留在了下部,造成正负电荷分离。

富兰克林的风筝实验

人类第一次科学地解开雷电之谜

很久以前，人们都把雷电比作神和上帝的化身，将雷击看做是上帝对人类的惩罚。也许大家也听说过富兰克林的风筝实验吧。1752年6月的一天，阴云密布、电闪雷鸣，一场暴风雨就要来临了。富兰克林和他的儿子威廉一道，带着装有一个金属杆的风筝来到一个空旷地带。富兰克林高举起风筝，他的儿子则拉着风筝线飞跑。由于风大，风筝很快就被放上高空。突然，雷电交加、大雨倾盆，一道闪电从风筝上掠过。富兰克林用手靠近风筝上的铁丝，立即掠过一种恐怖的麻木感。他抑制不住内心的激动，大声呼喊："威廉，我被电击了！"随后，他又将风筝线上的电引入莱顿瓶（一种用于储存静电的装置）中。回到家里以后，富兰克林用雷电进行了各种电学实验，证明了天上的雷电与人工摩擦产生的电具有完全相同的性质。富兰克林关于天上和人间的电是同一种东西的假说,在他自己的这次实验中得到了光辉的证实。富兰克林揭示了雷电的真正面目,证明雷电不是天神作法,而是带电云层相遇而产生的一种放电现象。从此,我们对雷电有了初步的认识。

二、雷电无情人有智

走进现场

黄岛油库雷击爆炸事故

1989 年 8 月 12 日 9 时 55 分,黄岛油库库区遭受雷击,对地雷击的感应火花引发了油气爆炸。大火燃烧了 4 个多小时,并形成了 150℃～300℃的高温热波。这次事故造成了非常严重的海洋污染。

互动讨论

(1)哪些地方容易引起雷击呢?

(2)哪种天气容易产生雷电呢?

(3)雷电有哪些伤人的方式?我们该如何避免遭受雷电的伤害呢?

知识加油站

1.雷电如何造成灾害

不管是古代的雷神与电母,还是我们现在的雷电学,我们都对雷电充满了无限的畏惧。首先是雷电产生灼热的高温。雷电发生时,

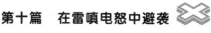

强大的电流通过物体,在瞬间产生巨大热量。据分析,雷电流通道的温度可达 6000℃～10000℃,有时甚至更高,它足可以使金属熔化。如果雷电流通道遇易燃物质,可能引发火灾。其次是猛烈的冲击波,雷电使得雷电流通道附近的空气剧烈膨胀,并以超声波的速度向四周扩散,其外围相对冷的空气被强烈压缩,空气一胀一缩产生剧烈震动,这就是冲击波。受冲击波影响,雷电流通道及周围的环境类似于炸弹爆炸一样,破坏性很大。再次还有雷电感应,雷电感应包括静电感应和电磁感应,它会产生感应高电压。对于建筑物来说,如果遭到雷电感应,其内部的构架与接地不良的金属装置容易出现火花,这对于存放易燃品的仓库来说是很危险的。最后是间接雷击,雷暴云与大地之间存在着高电压、强电流。间接雷击是指闪电时,瞬间强电流通过输电电缆、通信线路、电话线和金属管道等引入室内造成人员伤亡,或电磁感应造成计算机网络、通讯设备和工业控制系统被破坏的一种雷击现象。从近几年的雷击资料分析,这类事故发生率高,后果十分严重。

2.容易引起雷电的场所

(1)高耸或孤立的建筑物,虽有避雷设备但装备不善的房屋,没有良好接地的金属屋顶,潮湿地区的建筑物、树木等。

(2)内部潮湿的建筑物,没有装设避雷设备或接地不良的、易挥发性的地上贮油罐。

(3)平屋面雷击部位往往发生在四角上,有坡度的屋面一般发生在屋脊山墙上。

3.雷电伤人的方式

(1)直接雷击:在雷电现象发生时,闪电直接袭击到人体。因为人是一个很好的导体,高达几万到十几万安培的雷电电流,由人的头顶部一直通过人体到两脚,流入大地。人因此而遭到雷击,受到雷电的击伤,严重的甚至死亡。

(2)接触电压:当雷电电流通过高大的物体,如高的建筑物、树木、金属构筑物等泄放下来时,强大的雷电电流会在高大导体上产生高达几万到几十万伏的电压。人不小心触摸到这些物体时,就会受到这种触摸电压的袭击,发生触电事故。

(3)旁侧闪击:当雷电击中一个物体时,强大的雷电电流,通过物体泄放到大地。一般情况下,电流是最容易流入电阻小的通道的。人体的电阻很小,如果人就在被雷击中的物体附近,雷电电流就会在人头顶高度附近将空气击穿,再经过人体泄放下来,使人遭受袭击。

(4)跨步电压:当雷电从云中泄放到大地时,就会产生一个电位场。越靠近地面雷击点的地方电位越高,远离雷击点的地方电位就低。如果在雷击时,人的两脚站的地点的电位不同,这种电位差在人的两脚间就产生电压,也就有电流通过人的下肢。两腿之间的距离越大,跨步电压也就越大。

 专家引路

虽然雷击是不可避免的自然灾害,但我们可以采取科学、有效的预防措施(针对上述 4 种雷击伤人方式,我们应采取相应的预防措施)来避免其造成的损伤。

1. 室内预防雷击(以预防接触电压为主)

(1)电视机的室外天线在雷雨天要与电视机脱离,而与接地线连接。

(2)雷雨天气应关好门窗,防止球形雷窜入室内造成危害。

(3)雷暴时,人体最好离开可能传来雷电侵入波的线路和设备1.5 米以上。也就是说,尽量暂时不用电器,最好拔掉电源插头;不要打电话;不要靠近室内的金属设备,如暖气片、自来水管、下水管;要尽量离开电源线、电话线、广播线,以防止这些线路和设备对人体的二次放电。另外,不要穿潮湿的衣服,不要靠近潮湿的墙壁。

2. 室外如何避免雷击(以预防直接雷击为主)

(1)为了防止雷击事故和跨步电压伤人,要远离建筑物的避雷针及其接地引下线。

(2)要远离各种天线、电线杆、高塔、烟囱、旗杆,如有条件应进入有宽大金属构架、有防雷设施的建筑物或有金属壳的汽车和船只。

但是帆布篷车和拖拉机、摩托车等在雷电发生时是比较危险的,应尽快离开。

（3）应尽量离开山丘、海滨、河边、池旁;应尽快离开铁丝网、金属晒衣绳;远离孤独的树木和没有防雷装置的孤立的小建筑等。

（4）雷雨天气尽量不要在旷野里行走。如果有急事需要赶路时,要穿塑料等不浸水的雨衣;要走得慢些,步子小点;不要骑在牲畜上或自行车上;不要用金属杆的雨伞,不要把带有金属杆的工具如铁锹、锄头扛在肩上;不要靠近高压变电站、高压电线和孤立的高楼、烟囱、电杆、大树、旗杆等,更不要站在空旷的高地上或大树下。

（5）不要穿潮湿的衣服靠近或站在露天金属商品的货垛上。

这些预防措施都是大家轻而易举就可以做到的。不管怎样,从我们身边的小事做起,就可以尽量减小雷电对我们的损伤。

三、防打雷　躲闪电

255

天上的乌云越积越多,像是要下雨了。小诗看了看天,加快了步伐。不一会儿,大雨伴着划破天空的雷电倾盆而至,刚进家门,巨大的雷声一阵响,小诗心里总算舒了一口气:"还好赶到家了,外面的雷声好响啊! 对了,家里电视、电脑的插头还没拔出来,我

得赶紧断电去!"一边想,小诗一边快步走向客厅拔掉了电视机的电源。

互动讨论

雷电天气时,我们在户外该如何躲避雷电的袭击,而在家里又该如何防止家电被雷电灼烧呢?

知识加油站

每年,我国多次发生雷灾,人员和财产损失严重。雷电灾害呈现出发生频次多、范围广、影响大等特点。人员伤亡主要发生在农村地区,这表明农村地区防雷工作及防雷意识亟待加强。2004 年 10 月 1 日,海南省定安县突然出现雷雨天气,雷击造成龙河中学初三年级出外观光、野炊的学生 3 人死亡,11 人受伤。而每年损伤的远远不止这些。这告诉我们应该加强雷电预防及急救知识的学习。所以,今天我们将以大家容易接受的方式来告诉你们雷电的预防小知识,以防患于未然。

专家引路

(1)雷雨天气时不要停留在高楼平台上,在户外空旷处不宜进入孤立的棚屋、岗亭等。

(2)远离建筑物外露的水管、煤气管等金属物体及电力设备。

(3)不宜在大树下躲避雷雨,如万不得已,则需与树干保持 3 米以上距离,下蹲并双腿靠拢。科学研究显示,身体高度在这些树木和岩石高度的 1/10~1/5 时比较安全。

(4)如果在雷电交加时,头、颈、手处有蚂蚁爬走感,头发竖起,说明将发生雷击,应赶紧趴在地上,并拿去身上佩戴的金属饰品和发

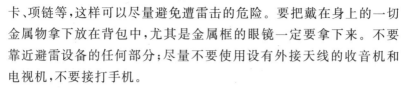

卡、项链等,这样可以尽量避免遭雷击的危险。要把戴在身上的一切金属物拿下放在背包中,尤其是金属框的眼镜一定要拿下来。不要靠近避雷设备的任何部分;尽量不要使用设有外接天线的收音机和电视机,不要接打手机。

(5)如果在户外遭遇雷雨而来不及离开高大物体时,应马上找些干燥的绝缘物放在地上,并将双脚合拢坐在上面。切勿将脚放在绝缘物以外的地面上,因为水能导电。

(6)在户外躲避雷雨时,应注意不要用手撑地,同时双手抱膝,胸口紧贴膝盖。尽量低下头,因为头部较之身体其他部位最易遭到雷击。

(7)当在户外看见闪电几秒钟内就听见雷声时,说明正处于近雷暴的危险环境,此时应停止行走,两脚并拢并立即下蹲。不要与人拉在一起,相互之间要保持一定的距离,避免在遭受直接雷击后传导给他人。最好使用塑料雨具、雨衣等。

(8)在雷雨天气中,不宜在旷野中打伞或高举羽毛球拍、高尔夫球棍、锄头等;不宜进行户外球类运动;不宜在水面和水边停留;不宜在河边洗衣服、钓鱼、游泳、玩耍。

(9)在雷雨天气中,不宜快速开摩托、快骑自行车和在雨中狂奔,因为身体的跨步越大,电压就越大,也越容易被雷击伤。

(10)如果在户外看到高压线遭雷击断裂,此时应提高警惕,因为高压线断点附近存在跨步电压,身处附近的人此时千万不要跑动,而应双脚并拢,跳离现场。

小贴士

世界上唯一被雷击7次而幸存的人是美国人劳埃·C.沙利文,他被人称为人体雷电导体和人类避雷针,其实他的职业是美国谢南多厄公园的护林员。沙利文第一次遭雷击是在1942年,当时他的大趾甲被掀掉。1969年他第二次遭到雷电袭击,眉毛被烧掉。第三次是1970年,当时他的左肩被烧焦并导致瘫痪。第四次被雷击是在

257

1972 年 4 月 16 日,这次他的头发被烧光。1973 年 8 月 7 日,他正驾车行驶时,低空云层中的闪电烧着了帽子并将他扔出车外 3 米多远。1976 年 6 月 5 日,他第六次被雷电击中,肘部受伤。倒霉的沙利文希望这是最后一次,没想到 1977 年 6 月 25 日又来了一次,当时他正在钓鱼,胸部和胃部被烧伤了。面对这一系列奇怪的雷击,任何人都无法作出解释。沙利文本人也只得将他的那顶被雷电烧焦的护林员工作帽送给了吉尼斯世界纪录大厅。

四、懂急救　谨记心

 走进现场

快放学了,可老天却变了脸。中午上学时还是晴空万里,太阳高照,可现在却乌云密布,而且云层里不时地发出"轰隆隆"的打雷声。"怎么办呀?这怎么回家呢?"教室里的同学们着急起来。

"云峰快回来,别往外跑!"窗外传来隔壁班老师的呼喊声。同学们望向窗外,只见一

个闪电从正要折返往教学楼里跑的云峰头顶上闪过。大家都吓坏了,为云峰捏了一把汗。还好,有惊无险,云峰顺利回到了教室里,老师关切地告诉他:"雷雨天最好不要在外奔走,等一会儿雨停了,大家

一起结伴回家更安全!"

当我们遭遇雷电的袭击时,如何才能安全地展开自救和互救呢?你知道哪些科学的急救方法呢?

雷击对人体可造成巨大的伤害,强大的雷电流使人或动物的心脏、大脑麻痹而死亡,甚至能把身体烧焦。此外,雷电流还能将局部皮肤组织烧坏,出现灰白色的肿块和线条,称为"电的烙印";强大的雷声还可致耳膜受伤。总的来说,被雷击的主要表现有皮肤被烧焦,鼓膜或内脏被震裂,心室颤动,心跳停止,呼吸肌麻痹。

现场急救

一旦遭遇雷击,必将受到伤害,但是不论何时何地发生雷电事故,只要按科学的方法分秒必争地进行应急自救和采取应对措施,都能尽量减少伤亡。

(1)急救的第一步:脱离险境。迅速将病人转移到能避开雷电的安全地方,如果着火,应首先扑灭身上的火。

(2)急救的第二步:向急救中心或医院等有关部门呼救。

(3)对症救治时:如果患者曾一度昏迷,但未失去知觉,神志清醒,心慌,四肢发麻,全身无力,应该就地休息1~2小时,并作严密观察;如果已失去知觉,但呼吸和心跳正常,应抬至空气清新的地方,解开衣服,用毛巾蘸冷水摩擦全身,使之发热,并迅速请医生前来诊治;

如果患者无知觉,抽筋,呼吸困难且逐渐衰弱,但心脏还跳动,可采用口对口人工呼吸;如果患者已无知觉,抽筋,心脏停止跳动,仅有呼吸,可采用人工胸外心脏按压法;如果患者呼吸、脉搏、心跳都停止,应口对口人工呼吸和人工胸外心脏按压两种方法同时进行。

也许有的人会提出疑问:人被电击倒时,身体会带上电荷。那我们在救被雷击到的伤员时自己是否有危险呢?其实在人被雷击后身体并不带电。所以不用担心救援的人会被电击的问题。

 小贴士

人的生命主要是依靠两个重要的生理作用:由心脏跳动所形成的血液循环和由呼吸形成的氧气和废气的交换过程。人被雷电击伤后呈"假死"现象就是中断了这两个过程引起的。因此,做人工呼吸时,必须一直做,直到伤者嘴唇稍有开合,眼皮稍有活动或喉头有吞东西动作为止,即应注意被雷击者是否开始自动呼吸。实践证明:对

雷电"假死"者越迅速耐心地做人工呼吸,救活的机会就越大。抢救过来后,不能马上站立起来,应抬到床上休息,恢复正常后,方让其行走。在医生到来前请尽全力以正确的方法抢救伤者,不要轻易放弃。

人被雷击前并不是没有任何征兆。人在遭受雷击前,会突然有头发竖起或皮肤颤动的感觉,这时应立刻躺倒在地,或选择低洼处蹲下,双脚并拢,双臂抱膝,头部下俯,尽量缩小暴露面。这样也就可尽量避免意外的发生。

生命语录之法则十条

一、地震：遇地震，先躲避，桌子床下找空隙；靠在墙角屈身体，抓住机会逃出去；远离所有建筑物，余震蹲在开阔地。

二、火灾：火灾起，怕烟熏，鼻口捂住湿毛巾；身上起火地上滚，不乘电梯往下奔；阳台滑下捆绳索，盲目跳楼会伤身。

三、洪水：洪水猛，高处行，土房顶上待不成；睡床桌子扎木筏，大树能拴救命绳；准备食物手电筒，穿暖衣服度险情。

四、台风：台风来，听预报，加固堤坝通水道；煤气电路检修好，临时建筑整牢靠；船进港口深抛锚，减少出行看信号。

五、泥石流：下暴雨，泥石流；危险处地是下游，逃离别顺沟底走，横向快爬上山头；野外宿营不选沟，进山一定看气候。

六、雷击：阴雨天，生雷电，避雨别在树下站，铁塔线杆要离远，打雷家中也防患，关好门窗切电源，避免雷火屋里窜。

七、暴雪：暴雪天，人慢跑，背着风向别停脚；身体冻僵无知觉，千万不能用火烤；冰雪搓洗血循环，慢慢温暖才见好。

八、龙卷风：龙卷风，强风暴，一旦袭来进地窖；室内躲避离门窗，电源水源全关掉；室外趴在低洼地，汽车里面不可靠。

九、疫情：对疫情，别麻痹，预防传染做仔细；发现患者即隔离，通风消毒餐用具；人受感染早就医，公共场所要少去。

十、防化：化学品，有危险，遗弃物品不要捡；预防烟火燃毒气，报警说明出事点；运输泄露别围观，人在风头要离远。

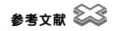

参考文献

1.谢宇.地震的防范与自救[M].西安:西安地图出版社,2010.1.

2.黄虎.在自然灾害面前应该怎么办[M].芜湖:安徽师范大学出版社,2011.5.

3.伍做鹏.消防燃烧学[M].北京:中国建筑工业出版社,1994.

4.李楠.水、电、煤气使用安全常识[M].长春:吉林摄影出版社,2011.3.

5.(美)昆棣瑞著.杜建科,王平,高亚萍译.火灾学基础[M].北京:化学工业出版社,2010.4.

6.杨玲,孔庆红.火灾安全科学与消防[M].北京:化学工业出版社,2011.1.

7.谢宇.火灾的防范与自救[M].西安:西安地图出版社,2010.1.

8.谢宇.雪灾的防范与自救[M].西安:西安地图出版社,2010.1.

9.谢宇.地震的防范与自救[M].西安:西安地图出版社,2010.1.

10.谢宇.泥石流的防范与自救[M].西安:西安地图出版社,2010.1.

11.谢宇.龙卷风的防范与自救[M].西安:西安地图出版社,2010.1.

12.李楠.水、电、煤气使用安全常识[M].长春:吉林摄影出版社,2011.3.

13.刘东生.黄河中游黄土[M].北京:科学出版社,1964.

14.李鸿琏.西藏东南部山区冰川泥石流的地质地貌作用.见:中国地理学会地貌专业委员会编.中国地理学会一九六五年地貌学术讨论会文集[C].北京:科学出版社,1965.

15.中国科学院兰州冰川冻土研究所.农田泥石流防治[M].北京:科学出版社,1978.

16.甘肃省交通科学研究所等.泥石流地区公路工程[M].北京：人民交通出版社,1981.

17.景才瑞.中国黄土形成的气候条件、时代与成因[J].地理学报,1980,33(1).

18.南京大学地理系地貌学教研室.中国第四纪冰川与冰期问题[M].科学出版社,1974.

19.甘肃气象局.甘肃气候志[M].兰州：甘肃人民出版社,1965.

20.山体滑坡时的自救与互救[EB/OL].公安部网站.

21.山体滑坡的危害及应对措施[EB/OL].人民网.

22.滑坡[EB/OL].中国数字科技馆.

23.西北太平洋及南海热带气旋命名[EB/OL].中国天气网,2011-12-07.

24.台风的结构和能量问题[EB/OL].中国天气网,2010-04-16.

25.台风警报级别标准[EB/OL].中国天气网,2010-04-16.

26.台风预警信号[EB/OL].中国天气网,2010-04-16.

27.为什么台风有眼[EB/OL].中国天气网,2010-04-16.

28.辛洪富.咆哮的蛟龙——海啸[M].北京：海洋出版社,2007.

29.李忠东.海啸的形成和预防[J].中国应急管理,2011,(03).

30.杨俊华.物理眼再看印度洋海啸[J].物理教学探讨,2009,(06).

31.林均岐.2004年12月26日印度尼西亚地震海啸灾害考察[J].地震工程与工程振动,2005,(03).

32.高中和等.中国大陆沿海地震海啸析疑[J].中国地震,1992,04.

33.温瑞智等.海啸预警系统及我国海啸减灾任务[J].自然灾害学报,2006,(03).

34.18.5分钟逃生海啸[J].中国教育网络,2011,(04).

35.刘实.当船舶遇到海啸[J].中国远洋航务,2012,(04).

36.三上岳彦,李景生.火山喷发与气候变化[J].地理译报,1992,04:54-57.

37.李靖,张德二.火山活动对气候的影响[J].气象科技,2005,03:193-198.

38.毛莉.火山爆发如何影响世界[N].中国文化报,2010,(04).

39.钟穗.世界上著名的十次火山爆发[J].民防苑,2006,05:32-33.

40.于勇.火山爆发两面观[J].学科教育,1995,10:45-46.

41.郑晓洋.陈安.火山喷发的机理分析[J].科技促进发展,2011,03:56-60.

42.张义军.雷电灾害[M].北京:气象出版社,2009.